"高等职业教育分析检验技术专业模块化系列教材"
编写委员会

高等职业教育分析检验技术专业模块化系列教材

化验室组织 与管理

陈本寿　黄一波　主编

李启华　主审

化学工业出版社

·北京·

内容简介

本书是高等职业教育分析检验技术专业模块化系列教材的一本，包括 7 个模块，32 个学习单元，主要介绍化验室的基本要素、计量与标准化、化验室的构建、化验室质量管理及保证体系等知识。教材内容主要包括化验室组织机构与设施建设、计量与标准化法规知识、化验室建设与设计、计量标准与检定、标准的制定与实施、质量管理体系标准、化验室质量保证体系的建立和管理。在每个模块的学习单元中，都安排了一定数量的技能操作单元，供学生练习操作、掌握实际操作技能之用。

本书既可作为职业院校分析检验专业群教材，又可作为从事分析检验检测相关工作在职人员的培训教材，还可作为相关人员自学参考资料。

图书在版编目（CIP）数据

化验室组织与管理/陈本寿，黄一波主编 . —北京：化学工业出版社，2024.3
ISBN 978-7-122-44579-7

Ⅰ.①化⋯　Ⅱ.①陈⋯②黄⋯　Ⅲ.①化学工业-化学实验-实验室-组织管理-高等职业教育-教材　Ⅳ.①TQ016

中国国家版本馆 CIP 数据核字（2023）第 243652 号

责任编辑：刘心怡	文字编辑：罗　锦　师明远
责任校对：李　爽	装帧设计：关　飞

出版发行：化学工业出版社
　　　　　（北京市东城区青年湖南街 13 号　邮政编码 100011）
印　　装：三河市延风印装有限公司
787mm×1092mm　1/16　印张 12¼　字数 253 千字
2024 年 3 月北京第 1 版第 1 次印刷

购书咨询：010-64518888　　售后服务：010-64518899
网　　址：http://www.cip.com.cn
凡购买本书，如有缺损质量问题，本社销售中心负责调换。

定　　价：38.00 元　　　　　　　　　版权所有　违者必究

本书编写人员

主　编：　陈本寿　　重庆化工职业学院
　　　　　黄一波　　常州工程职业技术学院

参　编：　王文斌　　重庆化工职业学院
　　　　　聂明靖　　重庆佳熠检测技术有限公司
　　　　　张　雷　　重庆海关技术中心
　　　　　刁银军　　金华职业技术学院
　　　　　黄永东　　重庆市农业科学院
　　　　　曹春梅　　重庆化工职业学院
　　　　　张曼玲　　重庆天原化工有限公司

主　审：　李启华　　重庆长安汽车股份有限公司

根据《关于推动现代职业教育高质量发展的意见》和《国家职业教育改革实施方案》文件精神，为做好"三教"改革和配套教材的开发，在中国化工教育协会的领导下，全国石油和化工职业教育教学指导委员会分析检验类专业委员会具体组织指导下，由重庆化工职业学院牵头，依据学院二十多年教育教学改革研究与实践，在改革课题"高职工业分析与检验专业实施 MES（模块）教学模式研究"和"高职工业分析与检验专业校企联合人才培养模式改革试点"研究基础上，为建设高水平分析检验检测专业群，组织编写了分析检验技术专业活页式模块化系列教材。

本系列教材为适应职业教育教学改革，科学技术发展的需要，采用国际劳工组织（ILO）开发的模块式技能培训教学模式，依据职业岗位需求标准、工作过程，以系统论、控制论和信息论为理论基础，坚持技术技能为中心的课程改革，将"立德树人、课程思政"有机融合到教材中，将原有课程体系专业人才培养模式，改革为工学结合、校企合作的人才培养模式。

本系列教材分为 124 个模块、553 个学习单元，每个模块包含若干个学习单元，每个学习单元都有明确的"学习目标"和与其紧密对应的"进度检查"。"进度检查"题型多样、形式灵活。进度检查合格，本学习单元的学习目标即达到。对有技能训练的模块，都有该模块的技能考试内容及评分标准，考试合格，该模块学习任务完成，也就获得了一种或一项技能。分析检验检测专业群中的各专业，可以选择不同学习单元组合成为专业课部分教学内容。

根据课堂教学需要或岗位培训需要，可选择学习单元，进行教学内容设计与安排。每个学习单元旁的编号也便于教学内容顺序安排，具有使用的灵活性。

本系列教材可作高等职业院校分析检验检测专业群教材使用，也可作各行业相关分析检验检测技术人员培训教材使用，还可供各行业、企事业单位从事分析检验检测和管理工作的有关人员自学或参考。

本系列教材在编写过程中得到中国化工教育协会、全国石油和化工职业教育教学指导委员会、化学工业出版社的帮助和指导，参加教材编写的教师、研究员、工程师、技师有 103 人，他们来自全国本科院校、职业院校、企事业单位、科研院所等 34 个单位，在此一并表示感谢。

张荣

2022 年 12 月

本书是在中国化工教育协会领导下，全国石油和化工职业教育教学指导委员会分析检验类专业委员会具体组织指导下，由重庆化工职业学院牵头，组织全国职业院校教师、科研院所研究员、企业工程技术人员和高级技师等编写。

本教材名称为《化验室组织与管理》，由 7 个模块 32 个学习单元组成。主要介绍化验室的组织与管理的基本知识及基本管理实务，主要包括计量与标准化法规知识、化验室组织机构与设施建设、化验室建设与设计、计量标准与检定、标准的制定与实施、质量管理体系标准、化验室质量保证体系的建立和管理等内容。本书编排层次分明、内容明确易懂，适用于高职高专分析检验技术专业，也可为其他专业选修使用，还可供相关从业人员参考使用。通过学习单元前的学习目标可明确学习要求及知识点；进度检查安排在每个学习单元后面，可让学生及时进行知识点的巩固；素质拓展阅读扩展视野，作为教材的补充和延续，有机融入党的二十大精神。本教材能够帮助学习者掌握化验室组织与管理的基本知识，希望学习者将这些知识在实际工作中加以运用。

本书由陈本寿、黄一波主编，李启华主审。其中模块 1 由王文斌、陈本寿、刁银军编写，模块 2、3 由陈本寿、聂明靖编写，模块 4 由陈本寿、黄一波编写，模块 5 由陈本寿、黄永东编写，模块 6 由陈本寿、张曼玲编写，模块 7 由陈本寿、张雷、曹春梅编写，全书由陈本寿统稿整理。

本书编写过程中参阅和引用了相关文献资料和著作，在此一并向有关作者表示感谢。由于编者水平和实际工作经验等方面的限制，书中难免有不妥之处，敬请读者和同行们批评指正。

编者

2022 年 10 月

目录

模块1 计量与标准化法规知识

编号 FJC-25-01

学习单元 1-1 计量概述

学习目标：完成本单元的学习之后，能够了解计量的定义、分类和特点。
职业领域：化工、石油、环保、医药、冶金、汽车、食品、建材等。
工作范围：分析检验。

一、计量的定义

计量属于测量的范畴，也可以说计量是一种特定形式的，为使被测量的单位量值在允许误差范围内溯源到基本单位的测量。最早的测量活动中测量方法是原始的，单位是任意的。当商品交换、分配形成社会性活动的时候，就需要实现测量的统一，即要求在一定准确度内对一物体在不同地点达到其测量结果的一致。为此，就要求以法定的形式建立统一的单位制，建立基准、标准来检定测量器具，保证量值的准确可靠。

我国对计量的定义是"实现单位统一、量值准确可靠的活动"。计量是为了保证计量单位统一和量值准确可靠这一特定目的的测量，它是以公认的计量基准、计量标准为基础，依据计量法律、法规和法定的计量检定系统（表）进行量值传递来保证测量准确的测量。

二、计量的分类

计量依据其领域可分为以下三类。

1. 法制计量

法制计量是为了保证公众安全、国民经济和社会发展，根据法制、技术和行政管理的需要，由政府或官方授权进行强制管理的计量，包括对计量单位、计量器具、计量基准、计量标准、计量方法以及计量人员的专业技能等的明确规定和具体要求。法制计量主要涉及与安全防护、医疗卫生、环境监测和贸易结算等有利害冲突或特殊需要的领域的强制计量。例如，关于衡器、压力表、电表、水表、煤气表、血压计等的计量。

2. 科学计量

科学计量主要是指基础性、探索性、先进性的计量科学研究，例如关于计量单位与单位制、计量基准与标准、物理常数、测量误差、测量不确定度与数据处理等的研究。科学计量通常是计量科学研究单位，特别是国家计量科学研究机构的主要任务。

3. 工业计量

工业计量也称工程计量，系指各种工程、工业企业中的应用计量。例如，关于能源、原材料的消耗，工艺流程的监控和产品质量与性能的计量测试等。工业计量涉及面广，是各行各业普遍采用的一种计量。

三、计量的特点

计量的特点，可概括如下。

1. 统一性

计量工作的最基本任务就是统一计量单位制度，统一量值。计量作为科学技术的一部分，它属于生产力的范畴，但是它又有生产关系的属性，因此它的统一性不仅表现在技术上，国家还必须建立健全各种基准、标准，统一各种单位量值，而且要统一国家计量制度，并要同国际上的计量制度保持协调一致，在管理上要有统一的权威，包括用计量法令和行政命令、条例、方法等形式规定计量管理制度。因此，计量工作的统一性也同时表现为计量技术和管理的统一。

2. 准确性

"准"字是计量工作的核心。一切计量科学技术研究的目的，最终是要达到所期望的某种准确性，统一性是建立在准确性基础上的统一性，没有准确性，也就谈不上统一性。

3. 科学性

科学首先是从测量开始的，没有测量就没有精密的科学。计量本身就是一项科学技术性很强的工作，计量学就是关于测量领域理论和实践的科学。要做好计量工作，就必须拥有先进的技术手段和雄厚的技术力量。在许多场合，计量要起一种"公证""仲裁"或者说是一种"技术法庭"的作用。准与不准，合格与不合格，测量结果正确与不正确，可行与不可行等，都得以技术数据作为依据。

4. 社会性

计量工作基本上是一门综合性的科学技术工作，它涉及各个学科和社会的各个领域。计量工作之所以被各国所重视，与其经济效益和社会效益分不开，它的主要经济效益不是反映在计量部门本身，而是反映在国民经济的各领域和整个社会。

5．法制性

计量本身的科学性和社会性就要求有一定的法制保障。也就是说，量值的准确一致，不仅要有一定的技术手段，而且还要有相应的法律、法规和行政管理手段，特别是对于那些对国计民生有明显影响的计量，诸如社会安全、医疗保健、环境保护以及贸易结算中的计量，更必须有法制保障。否则，量值的准确一致便不能实现，计量的作用也就难以发挥。

📓 进度检查

一、填空题

1. 计量是_____和_____的活动。
2. 计量的特点：①_____；②_____；③_____；④_____；⑤_____。

二、简答题

1. 计量依据其领域可分为哪三类？
2. 准确说出计量的定义。

学习单元 1-2　计量器具

学习目标： 完成本单元的学习之后，能够掌握计量器具的定义、分类、特性及计量标准。熟悉计量器具的管理内容。

职业领域： 化工、石油、环保、医药、冶金、汽车、食品、建材等。

工作范围： 分析检验。

一、计量器具的定义

　　能用于直接或间接测出被测对象量值的装置、仪器仪表、量具和用于统一量值的标准物质称为计量器具（图 1-1）。计量器具广泛应用于人们生产生活的方方面面，在整个计量立法中处于相当重要的地位。计量器具不仅是监督管理的主要对象，而且是计量部门提供计量保证的技术基础。

图 1-1　计量器具

二、计量器具的主要特性和计量标准

（一）计量器具的主要计量特性

1. 示值

　　计量器具的示值，是指由计量器具所指定的（或提供的）被测量值。它用被测量的单位表示，而与标在计量器具上的单位无关。有些具有线性标尺的计量器具，标在标尺上的值还不是示值，需将它乘以器具常数才得到示值，此时标在标尺上的值称为标尺值（有时称为直接示值或直接读数）。

量具的表示值就是它的标称值。

2. 测量范围和量程

计量器具的测量范围、标尺范围、标称范围、量程在概念上极易混淆，应加以区别。

对模拟显示计量器具而言，标尺范围是指在给定的标尺上，两端标尺标记之间标尺值的范围，它与标在标尺上的被测量的单位无关。

标称范围也可称为示值范围。

测量范围是指使计量器具的误差处于允许限内的一组被测量值的范围。在标称范围中，只有计量器具的误差处于允许极限内的那一部分才是测量范围。有时又把测量范围称为"工作范围"或"有效范围"。

测量范围应覆盖尽可能多的被测量值，最好是全部待测量值，且测量范围内规定的相应误差极限满足预定的要求。一般建议，让被测量值落在量程的 1/5～2/3 之间为宜。

量程的正确定义是标尺范围的上下限之差的模（绝对值）。

3. 准确度和误差

准确度，包括两个方面的含义，即测量的准确度和计量器具的准确度。前者是对测量而言，后者是对计量器具而言。

计量器具的准确度是指计量器具给出接近于被测量真值示值的能力。它反映了在计量器具所给出的示值中，由于系统误差和随机误差的影响，示值接近真值的程度。它不仅反映了计量器具本身的质量，而且是测量准确度的重要基础和条件。

计量器具的示值误差是指计量器具的示值与约定真值之差。对于量具而言，它等于量具的标称值与其约定真值之差；对于计量仪器而言，它等于计量仪器的示值与被测量的约定真值之差。

计量器具的准确度用示值误差进行定量表达时，具体评定方式有如下几种。

（1）可将实验得到的计量器具的偏移误差与重复性误差归纳为 A 类和 B 类不确定度的综合。

所谓偏移误差指计量器具示值误差中系统误差的分量；所谓重复性误差是指计量器具示值误差中的随机误差分量。

（2）在日常使用中，计量器具的准确度大多用计量器具的最大允许误差（或称为极限允许误差）来表达。

所谓允许误差是指技术标准、检定规程对计量器具所规定的允许误差极限值。

允许误差表示了计量器具所允许的不能超出的误差范围，反映了误差综合大小所允许的界限。

（3）计量器具的准确度也可以使用其示值误差保持在规定极限以内的计量器具的准确度等级来表征。

测量正确度是指测量结果中系统误差大小的程度，在日常工作中很少使用，也不宜推广。至于精密度，是指测量结果中随机误差的大小和程度。

一般要求选择计量器具时，应使其允许误差为测量允许误差的 $1/10 \sim 1/3$。

4. 灵敏度、鉴别力与分辨力

灵敏度是计量器具的重要静态特性之一，它是指在规定条件下，激励与响应之间的关系，即计量器具对被测量变化（激励）的反应能力。

灵敏度的定义是"计量器具的响应变化（Δy）除以相应的激励变化（Δx）"。也就是说，计量器具的灵敏度（S）可用被观测量的增值（Δy）与相应的被测量增量（Δx）之商来表示，即：

$$S = \Delta y / \Delta x$$

式中　Δy——被观测量变量的增值（响应变化）；

　　　Δx——被测量的增量（激励变化）。

在分子分母即响应与激励是同种量的情况下，灵敏度也可称为放大比或放大倍数。

鉴别力是计量器具对激励值微小变化的响应能力。

分辨力是指计量器具的显示装置对紧密相邻量值有效辨别的能力，它用显示装置能有效辨别的最小示值差来表示。

一般认为，模拟式指示装置的分辨力为标尺分度值的一半，数字式指示装置的分辨力为末位数的一个字码。

了解了灵敏度、鉴别力和分辨力等概念以后，在配备计量器具时，就可以根据检测的要求，结合实际情况，正确合理地选择计量器具的计量特性。例如，在选择计量器具的灵敏度、鉴别力或分辨力时，过低会影响测量准确度，过高示值难以稳定，一般建议计量器具的鉴别力或分辨力应小于被检测参数允许误差的 $1/10$。

5. 漂移、稳定度和可靠性

漂移仅针对计量仪器。它是指计量仪器的计量特性随时间的慢变化。

在规定条件下，对一个恒定的激励（即被测量值）在规定时间内的响应变化，称为点漂。标称范围最低值为零时的点漂称为零点漂移，简称零漂；当最低值不为零时，通常称为始点漂移。

稳定度是指在规定的条件下，计量仪器保持其计量特性恒定不变的能力。

通常稳定度是对时间而言。当对其他量（如电源电压波动）考虑稳定度时，则应明确说明。在表述稳定度时，应指明保持计量特性的幅度和时间间隔。

可靠性是指计量仪器在规定条件下和规定的时间内完成规定功能的能力。

（二）计量标准和计量基准

1. 计量标准的定义

计量标准器具是指准确度低于计量基准的，用于检定其他计量标准或工作计量器具的计量器具，简称计量标准，计量标准在量值传递中起着承上启下的作用。计量标准包括社会公用计量标准，部门计量标准和企、事业单位计量标准。

2. 计量基准的定义

计量基准是指在特定领域内，用定义、实现、保持或复现计量单位或一个或多个已知量值，并具有当代（或本国）最高计量特性的计量器具，是统一量值的最高依据。

经国际协议承认，具有现代科学技术所能达到的最高计量学特性，在国际上作为对有关量的计量标准定值依据的计量器具，称为国际计量基准（简称国际基准）。

在特定的计量领域内复现和保存计量单位并具有最高计量学特性，经国家鉴定，批准作为统一全国量值最高依据的计量器具，称为国家计量基准（简称国家基准）。

3. 计量基准的分类

计量基准按其在计量检定系统表中的位置通常还有主基准、副基准和工作基准之分。

三、计量器具的分类

1. 按结构特点分类

（1）量具　即用固定形式复现量值的计量器具，如量块、砝码、标准电池、标准电阻、竹木直尺、线纹米尺等。

（2）计量仪器仪表　即将被测量的量转换成可直接观测的指标值等效信息的计量器具，如压力表、流量计、温度计、电流表、心脑电图仪等。

（3）计量装置　即为了确定被测量值所必需的计量器具和辅助设备的总体组合，如里程计价表检定装置、高频微波功率计校准装置等。

2. 按计量学用途分类

（1）基准计量器具　基准计量器具简称计量基准，是指用以复现和保存计量单位量值，经国家市场监督管理总局批准，作为统一全国量值最高依据的计量器具。通常计量基准分为国家计量基准（主基准）、国家副计量基准和工作计量基准三类。国家计量基准是一个国家内量值溯源的终点，也是量值传递的起点，具有最高的计量学特性。

基准计量器具的主要特征：

① 符合或接近计量单位定义所依据的基本原理。

② 具有良好的复现性并且所定义实现保持或复现的计量单位或其倍数或分数具有当代或本国的最高精度。

③ 性能稳定，计量特性长期不变。

④ 能将所定义实现保持或复现的计量单位或其倍数或分数通过一定的方法或手段传递下去。

（2）计量标准器具　计量标准器具是指为了定义实现保存或复现量的单位或一个或多个量值用作参考的实物量具、测量仪器标准物质或测量系统。

我国的习惯为基准计量器具高于计量标准器具，这是从计量特性来考虑的，各级计量标准器具必须直接或间接地接受国家基准的量值传递而不能自行定度。

（3）普通计量器具　普通计量器具是指一般日常工作中所用的计量器具，它可获得某给定量的计量结果。

进度检查

一、填空题

1. 计量器具的准确度包括两个方面的含义：＿＿＿＿＿＿＿＿＿，＿＿＿＿＿＿＿＿＿。

2. 按结构特点分类，计量器具可以分为＿＿＿＿＿＿＿＿、＿＿＿＿＿＿＿＿和＿＿＿＿＿＿＿＿。

二、简答题

1. 简述计量器具主要特征和计量标准。

2. 计量器具的准确度用示值误差进行定量表达时，具体评定方式有哪些？

学习单元 1-3 计量器具的操作使用

学习目标：完成本单元的学习之后，能够掌握固体样品的干法分解方法。
职业领域：化工、石油、环保、医药、冶金、汽车、食品、建材等。
工作范围：分析检验。

为使在用计量器具处于正常完好的状态，保证测量的准确可靠，计量器具操作人员应正确、合理使用计量器具和仪器设备，并要做好日常维护保养工作。计量器具、仪器设备的正确使用和维护保养应按下述进行。

一、大型仪器设备

（1）操作人员应进行必要的技术培训，取得上岗证书，熟悉仪器设备的使用说明书，了解仪器设备的工作性能、附件的作用及用法，严格按操作规程操作。

（2）仪器设备的使用环境，如温度、湿度和防磁场、防震、防潮、防尘条件，应符合规定要求。

（3）定期进行保养，如导轨工作面应上油，电气设备应定期通电等，防锈、防霉变措施正确。

（4）除仪器设备的专业维修人员外，任何人不得任意拆装、调整，有封印部位的封记不得破坏，以免破坏仪器设备的性能。

（5）仪器设备使用结束后，对有可能影响仪器设备性能的部位，如手接触过的非油漆部位等，进行必要的保养，切断工作电源，做好交班记录。

二、三大类量具

（一）卡尺

卡尺包括游标卡尺、带表卡尺、电子数显卡尺、高度卡尺、深度卡尺等各种卡尺。

（1）文明操作，合理使用，使用后应将卡尺放在工具盒内，不乱拿乱放。

（2）不能将卡尺当作其他工具使用，如当榔头敲击工件，将卡尺的量爪当画线工具等。

（3）使用前，使用人员应将卡尺测量面的油污揩擦干净，检查卡尺各部分的作用是否正常、可靠，"0"位是否准确。卡尺外量爪两测量面合拢时，不应有可见的白光（允许有可见蓝光）。

（4）使用中，不能在机床还在转动时就去测量工件，以防测量人员发生危险和损坏量具，应待被测工件处于静态后测量。

（5）用卡尺内测量爪测量工件，不能测量 $\phi 10mm$ 以内的内孔。

（6）电子数显卡尺应避免水等液体物质渗入尺框内，以免损坏电子元件。

（7）使用后要对卡尺进行必要的保养，擦净油污、铁屑，如卡尺接触水液，需用清洁汽油擦洗干净（不可使用丙酮、酒精），然后在工作面涂上防锈油。卡尺放入量具盒前应使两测量面保持一定缝隙，以防卡尺测量面锈蚀。

（8）电子数显卡尺不使用数据出口端时，不要将端口盖拆下，并不要将金属器件任意触及输出端，以免损坏电子元件。

（9）发现卡尺有故障或示值不准确，及时报告，由厂计量人员处理。

（二）微分量具

微分量具主要有外径千分尺、内径千分尺、测厚千分尺等，还包括微米千分尺、杠杆千分尺等。

（1）文明操作，合理使用，使用后应将微分量具放在工具盒内，不乱拿乱放。

（2）不能将微分量具当作其他工具使用，如当榔头敲击工件等。

（3）使用前，使用人员应将测量面的油污揩擦干净，检查微分量具各部分作用是否正常、可靠，"0"位是否准确。

（4）使用中，不能在机床还在转动时就去测量工件，以防测量人员发生危险和损坏量具，要待被测工件处于静态后测量。

（5）有测力装置的微分量具，测量工件时应用测力装置测量；调整测量范围时，应手握尺身，转动微分筒使测杆位移至所需位置。

（6）使用后要对微分量具进行必要的保养，擦净油污、铁屑，如测量面接触水液，需用清洁汽油擦洗干净（不可使用丙酮、酒精），然后在工作面涂上防锈油。微分量具放入量具盒前应使两测量面保持一定缝隙，以防测量面锈蚀。

（7）发现微分量具有故障或示值不准确，及时报告，由厂计量人员处理。

（三）表类量具

表类量具主要有百分表、杠杆百分表、内径百分表、千分表等。

（1）文明操作，使用后应将表及附件放在工具盒内，不乱拿乱放。

（2）表类量具的各工作部位不能加任何润滑油，以免影响表类量具各工作部位的相互作用和灵敏度，以致示值失准。

（3）使用前，使用人员应检查各部分的作用是否正常、可靠，"0"位是否准确。轻拨动表的测杆，指针的回"0"位是否稳定无变化。

（4）使用中，不能在机床还在转动时就去测量工件，以防测量人员发生危险和损坏量具，要待被测工件处于静态后测量。

（5）表类量具在测量前应先将测杆压缩 0.3mm 以上的量程，然后重新调整"0"位再进行测量，以消除齿轮啮合间隙和空行程。

（6）表类量具不得在水、油中浸泡，如发现有水或油进入表中，应由计量人员进行清洗。

（7）发现表类量具有故障或示值不准确，及时报告，由厂计量人员处理。

三、温度仪表

（1）安装地点应干燥、通风、无腐蚀性气体，避免阳光的强烈照射，附近应无磁场。

（2）一次仪表与二次仪表的分度号必须一致，补偿导线与热电偶的分度号也必须一致。交流供电电源的额定值必须与仪表要求的电源额定值一致。

（3）仪表安装好后，应用直径为 2～3mm 的绝缘导线将仪表接地。同时应检查电源线以及一次仪表的连接线是否牢固可靠，仪表电源的相线、中线、地线连接是否正确。用作温控的仪表应进行设定，并检查设定是否正确。

（4）应经常保持仪表周围环境及仪表自身的整洁。

（5）在现场应经常观察仪表的运行情况，如观察仪表指示灯是否亮，数码显示是否正常，如不正常，应检查仪表保险丝是否烧断，电源开关是否损坏，数显部分的直流供电是否正常，各接插件是否接触良好。如现场不能排除，应通知计量人员处理。

（6）检查仪表的显示是否有无规则的跳字和记录平衡失灵现象，如有此现象，应检查被测信号是否正常，正负极是否接对，接地是否良好以及周围是否有强磁场干扰。

（7）如发现仪表电接点的控制或报警失灵，应检查设定值是否正常，继电器及连接线是否良好。

（8）长期使用的仪表，应检查灵敏度的变化。

（9）仪表必须有专人负责维护、保养，严禁非管理人员乱动。

四、电子天平

1. 工作环境

电子天平为高精度测量仪器，故仪器安装位置应注意：安装平台应稳定、平坦，避免震动；避免阳光直射和受热；避免在湿度大的环境工作；避免在空气直接流通的通道上。

2. 电子天平安装

严格按照仪器说明书操作。

3. 电子天平使用

（1）调水平　天平开机前，应观察天平后部水平仪内的水泡是否位于圆环的中央，否则应通过天平的地脚螺栓调节，左旋升高，右旋下降。

（2）预热　天平在初次接通电源或长时间断电后开机时，至少需要 30min 的预热时间。因此，实验室电子天平在通常情况下，不要经常切断电源。

（3）称量　按下"ON/OFF"键，接通显示器，等待仪器自检。当显示器显示零时，自检过程结束，天平可进行称量。放置称量纸，按显示屏两侧的"Tare"键去皮，待显示器显示零时，在称量纸上加所要称量的试剂称量。称量完毕，按"ON/OFF"键，关断显示器。

4. 注意事项

（1）天平在安装时已经过严格校准，故不可轻易移动天平，否则校准工作需重新进行。

（2）严禁不使用称量纸直接称量，每次称量后，应清洁天平，避免对天平造成污染而影响称量精度以及影响他人的工作。

（3）称量物质量不能超过天平最大称量值，不能称量热的物体。有腐蚀性或吸湿性物体必须放在密闭容器中称量。同一化学试验中的所有称量，应自始至终使用同一架天平，使用不同天平会造成误差。

（4）经常保持天平内部清洁，必要时用软毛刷或绸布抹净或用无水乙醇擦净。

（5）天平内应放置干燥剂。

五、秤

（一）地秤

（1）为保证计量准确，不受风雨侵蚀影响，利于操作，地秤应建造秤房。

（2）使用前，首先检查承重台面是否摆动灵活，各部件连接处接触是否良好，并进行空秤平衡调整。

（3）车辆进行计量时，应减速（3km/h）驶进承重台面，轻轻刹车。

（4）待车停稳后将游砣移至预计位置，启动视准器开关，再移动游砣使之平衡。

（5）计量停止时，应关好视准器。

（6）计量车辆货物时，不得超过最大称量。

（7）计量箱部分的分度和游砣等部位，要经常揩擦以防锈蚀，保持刻度的清晰，齿条槽口不得存有杂物积尘，以免影响计量的准确性。

（8）各部件连接处及刀、刀承接面应经常保持清洁干燥。但不要涂油，即使因某种原因而必须涂油时，也一定要揩净防止油垢。

（9）发现地秤有故障或示值不准确，及时报告，由厂计量人员处理。

（二）台秤、案秤

（1）秤必须放在平整的地方，如果凭目测能观察到倾斜时，应更换地点或用硬质物件垫平。

（2）使用前应进行空秤平衡检查，先把增砣盘挂在标尺尾部吊环上，将游砣移至标尺"0"位刻线上，然后轻压标尺使其处于最低位置，放松后计量杠杆应在视准器框内上下均匀摆动。如不平衡，应重复调整计量杠杆上调整砣，直至计量杠杆处于平衡状态为止（使用过程中不得调整调整砣）。

（3）使用前应检查增砣是否完好，如发现增砣上加封的铝片脱落或砣体有崩缺时，应对增砣重新修理、检定。使用后将增砣放到增铊架上，不能放在潮湿或油污处，防止丢失和影响计量准确度。

（4）使用前要注意被称物体的质量不能大于秤规定的最大称量，以防损坏秤。被称物体放上台面前开关应处于关闭状态，被称物体安放时应轻放，以免损坏刀子和影响各部位的相互作用。被称物体要尽量放在台面板中心，使各刀刀刃受力均匀，以消除四角误差。

（5）使用过程中应保持台面的清洁，以防计量得不准确。连续称量 20 次左右应重新检查秤的各部分和"0"位。

（6）秤的刀子和刀垫工作部位不得上油，如因某种原因必须涂油时，也一定要揩净防止油垢。

（7）不能把增砣当榔头敲击其他物体或用于其他用途。

（8）游砣不得任意拆离标尺，增砣盘不得任意打开。

（9）发现台秤、案秤有故障或示值不准确，及时报告，由厂计量人员处理。

六、压力表（电接点压力表、氧气表、乙炔表）

压力表外壳直径分为六种：40mm；60mm；100mm；150mm；200mm；250mm。电接点压力表的最小直径为100mm。

（1）压力表的选择：用于测量黏稠的或具有酸碱性等的特殊介质时，应选用不锈钢弹簧管、不锈钢机芯和胶木的外壳；靠墙安装时，应选用有边缘的压力表；直接安装于管道上时，应选用无边缘的压力表；用于直接测量气体时，应选用表壳后面有安全孔的压力表；应根据测压位置和便于观察管理的原则，选择表壳直径的大小。

（2）选择使用范围，测量值以在选用标尺全程的 $1/3 \sim 2/3$ 之间为宜。

（3）被测介质急剧变化或为脉动压力时，应加缓冲罐或阻尼螺钉；测结晶或黏度较大的介质时需装隔离器；测量蒸气压力时，压力表下端应装有环形管；测量其他热的液体时，环形管内应充满相同液体或其他中性的液体。

（4）压力表应装在环境温度为 $-40 \sim +60℃$，相对湿度不大于 80% 的条件下使用。

（5）压力表应垂直安装，倾斜度不大于 $30°$，力求与测定点保持同一水平位置。不宜直接装在邻近以及类似设备表面受热的地方，装在这些地方的压力表，在与管道连接时中间要通过环形管和三通管接头。

（6）使用前应在无负荷下，观察指针是否紧靠限止钉。使用完毕，应缓慢降压，不要使指针猛然跌落。

（7）拆下来的压力表，应存放于干燥、防尘、无腐蚀的环境中。

（8）电接点压力表只比普通压力表多了一个电接点信号。使用时要注意触点是否清洁、触点是否松动和信号装置绝缘层是否受潮。

（9）发现压力表有故障或示值不准确，及时报告，由厂计量人员处理。

⬤ 进度检查

一、填空题

1. 大型仪器设备操作人员应进行必要的_____，取得_____，熟悉仪器设备的_____，了解仪器设备的工作性能、附件的作用及用法，严格按操作规程操作。

2. 使用微分量具前，使用人员应将测量面的_____，检查微分量具各部分作用是否正常、可靠，_____位是否准确。

3. 选择压力表使用范围，以测量值在选用标尺全程的_____之间为宜。

二、简答题

1. 大型仪器设备使用注意事项有哪些？

2. 作为操作人员在使用压力表时应该注意什么问题？

学习单元 1-4 标准与标准化

学习目标:完成本单元的学习之后,能够理解标准及标准化含义。
职业领域:化工、石油、环保、医药、冶金、汽车、食品、建材等。
工作范围:分析检验。

一、标准化及标准定义

(一)什么是标准化

《标准化工作指南 第 1 部分:标准化和相关活动的通用术语》(GB/T 20000.1—2014)对标准化的定义是"为了在既定范围内获得最佳秩序,促进共同利益,对现实问题或潜在问题确立共同使用和重复使用的条款以及编制、发布和应用文件的活动。"

标准化活动确立的条款,可形成标准化文件,包括标准和其他标准化文件。

标准化的主要效益在于为了产品、过程或服务的预期目的改进他们的适用性,促进贸易、交流以及技术合作。

(二)什么叫标准

《标准化工作指南 第 1 部分:标准化和相关活动的通用术语》(GB/T 20000.1—2014)对标准的定义是"通过标准化活动,按照规定的程序经协商一致制定,为各种活动或其结果提供规则、指南或特性,供共同使用和重复使用的文件。"

标准宜以科学、技术和经验的综合成果为基础。

规定的程序指制定标准的机构颁布的标准制定程序。

诸如国际标准、区域标准、国家标准等,由于他们可以公开获得以及必要时通过修正或修订保持与最新技术水平同步,因此他们被视为构成了公认的技术规则。其他层次上通过的标准,诸如专业协(学)会标准,企业标准等,在地域上可影响几个国家。

二、标准的分级

根据《中华人民共和国标准化法》(以下简称《标准化法》)规定,我国标准分为:国家标准、行业标准、地方标准、团体标准、企业标准。

（一）国家标准

强制性国家标准由国务院批准发布或授权批准发布，推荐性国家标准由国务院标准化行政主管部门负责组织制定。

（二）行业标准

（1）行业标准由国务院有关行政主管部门负责制定和审批，并报国务院标准化行政主管部门备案。

（2）行业标准制定对象：对没有国家标准又需要在行业范围内统一的下列技术要求，可以制定行业标准：

① 行业术语、符号（含代号）、文件格式、制图方法等通用技术语言；

② 工农业产品的品种、规格、性能参数、质量标准、试验方法以及安全卫生要求；

③ 工农业产品的设计、生产、检验、包装、储存、运输过程中的安全、卫生要求；

④ 通用零部件的技术要求；

⑤ 产品结构要素和互换配合要求；

⑥ 工程建设的勘察、规划、设计施工及验收的技术要求和方法；

⑦ 信息、能源、资源、交通运输的技术要求及其管理技术要求。

（三）地方标准

（1）地方标准由省级政府标准化行政主管部门负责制定和审批，并报国务院标准化行政主管部门备案，并由国务院标准化行政主管部门通报国务院有关行政主管部门。

（2）为满足地方自然条件、风俗习惯等特殊技术要求可以制定地方标准。

（四）团体标准

（1）国家鼓励学会、协会、商会、联合会、产业技术联盟等社会团体协调相关市场主体共同制定满足市场和创新需要的团体标准，由本团体成员约定采用或者按照本团体的规定供社会自愿采用。

制定团体标准，应当遵循开放、透明、公平的原则，保证各参与主体获取相关信息，反映各参与主体的共同需求，并应当组织对标准相关事项进行调查分析、实验、论证。

（2）国务院标准化行政主管部门会同国务院有关行政主管部门对团体标准的制定进行规范、引导和监督。

（五）企业标准

企业标准由企业制定，由企业法定代表人或者法定代表人授权的主管领导批准、发布，由企业法定代表人授权的部门统一管理。

企业标准有以下几种：

（1）企业生产的产品，因没有国家标准、行业标准和地方标准，而制定的企业产品标准；

（2）为提高产品质量和促进技术进步制定严于国家标准、行业标准和地方标准的企业产品标准；

（3）对国家标准、行业标准的选择或补充的标准；

（4）工艺、工装、半成品等方面的技术标准；

（5）生产、经营活动中的管理标准和工作标准。

三、标准的分类

（1）按标准发生作用的范围和审批标准级别分为国家标准、行业标准、地方标准、团体标准和企业标准。

（2）按标准的约束性，分为强制性标准与推荐性标准。保障人体健康，人身、财产安全的国家标准或行业标准和法律及行政法规规定强制执行的标准是强制性标准，其他标准是推荐性标准。

（3）按在标准系统中的地位和作用，分为基础标准和一般标准。基础标准是指在一定范围内作为其他标准的基础并普遍使用，具有广泛指导意义的标准。

《标准化工作导则　第1部分：标准化文件的结构和起草规则》（GB/T 1.1—2020）规定标准文本起草时应遵守基础标准，如：

GB/T 3101　有关量、单位和符号的一般原则

GB/T 3102　（所有部分）量和单位

GB/T 7714　信息与文献　参考文献著录规则

为了突出基础标准的地位，相对于基础标准的其他各类标准称为一般标准。

（4）按标准化对象在生产过程中的作用，可分为原材料标准、零部件标准、工艺和工艺装备标准、设备维修标准、产品标准、检验与试验方法标准、包装标准等。

（5）按标准的性质分为技术标准、管理标准和工作标准。

进度检查

一、填空题

1. 计量标准是＿＿＿＿＿＿＿＿。

2. 根据《中华人民共和国标准化法》规定，我国标准分为＿＿＿＿＿＿、＿＿＿＿＿＿、＿＿＿＿＿、＿＿＿＿＿和＿＿＿＿＿。

二、简答题

标准及标准化的意义是什么？

学习单元 1-5　计量与标准法规

学习目标： 完成本单元的学习之后，能够熟悉进计量与标准法规。
职业领域： 化工、石油、环保、医药、冶金、汽车、食品、建材等。
工作范围： 分析检验。

一、计量的法规

我国现已基本形成由《中华人民共和国计量法》及其配套的计量行政法规、规章（包括规范性文件）构成的计量法规体系。

（一）《中华人民共和国计量法》

《中华人民共和国计量法》，简称《计量法》，是调整计量法律关系的法律规范的总称。1985 年 9 月 6 日经第六届全国人民代表大会常务委员会第十二次会议审议通过，中华人民共和国主席令予以公布，自 1986 年 7 月 1 日起施行。根据 2018 年 10 月 26 日第十三届全国人民代表大会常务委员会第六次会议《关于修改〈中华人民共和国野生动物保护法〉等十五部法律的决定》第五次修正。

《计量法》是国家管理计量工作的根本法，是实施计量法制监督的最高准则。《计量法》共 6 章 34 条，基本内容包括：计量立法宗旨、调整对象、计量单位制、计量器具管理、计量监督、计量授权、计量认证、计量纠纷的处理、计量法律责任等。

制定《计量法》的目的，是为了保障单位制的统一和量值的准确可靠，从而促进国民经济和科技的发展，为社会主义现代化建设提供计量保证，并保护人民群众的健康和生命、财产的安全，维护消费者利益，以及保护国家的利益不受侵犯。

《计量法》的调整对象是中华人民共和国境内的所有国家机关、社会团体、中国人民解放军、企事业单位和个人，凡是建立计量基准、计量标准，进行计量检定，制造、修理、销售、进口、使用计量器具，使用法定计量单位，开展计量认证，实施仲裁检定和调解计量纠纷，以及进行计量监督管理等方面所发生的各种法律关系。它侧重调整单位制的统一以及影响社会秩序、危害国家和人民利益的计量问题，有关家庭自用、教学示范用的计量器具一般不在《计量法》的调整之列。

（二）计量法规

1. 计量行政法规和规范性文件

（1）国务院依据《计量法》所制定（或批准）的计量行政法规。例如：《中华人民共和国计量法实施细则》《关于在我国统一实行法定计量单位的命令》等。

（2）省、自治区、直辖市人大常委会制定的地方计量法规。

2. 计量规章、规范性文件

（1）国务院计量行政部门制定的各种全国性的单项计量管理办法和技术规范。例如：《中华人民共和国计量法条文解释》、《中华人民共和国强制检定的工作计量器具明细目录》、《中华人民共和国依法管理的计量器具目录》、国家计量检定规程等。

（2）国务院有关主管部门制定的部门计量管理办法。例如：《国防计量监督管理条例》《农业部部级质检中心验收和计量认证程序》等。

（3）县级以上地方人民政府及计量行政部门制定的地方计量管理办法。例如：《上海市计量监督管理条例》《河北省计量监督管理条例》《南京市计量监督管理办法》等。

二、标准化法规体系

我国的标准化法规体系由法律、行政法规、部门规章、地方性法规和地方政府规章构成，如图1-2所示。《中华人民共和国标准化法》（以下简称《标准化法》）是标准化法规体系的顶层法律，体系中的所有法规和规章均以该法为依据。《中华人民共和国标准化法实施条例》（以下简称《实施条例》）是国务院依据《标准化法》颁布的有关该法实施的行政法规。国务院标准化行政主管部门依据《标准化法》和《实施条例》制定了24个与之配套的部门规章，初步形成了较为齐全的标准化法规体系。

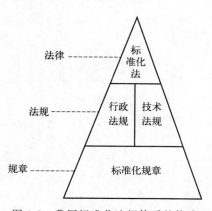

图1-2 我国标准化法规体系的构成

一、填空题

1. 我国现已基本形成由_____及其配套的计量行政法规。

2. 我国的标准化法规体系是由_____、_____、_____、_____和_____构成。

二、简答题

简述我国标准化法规体系。

学习单元 1-6 计量器具的管理

学习目标：完成本单元的学习之后，能够熟悉计量器具的分类管理。
职业领域：化工、石油、环保、医药、冶金、汽车、食品、建材等工程。
工作范围：分析检验。

量具、检具、工具等的管理是细致而复杂的工作，是企业管理的重要组成部分，直接或间接影响企业产品质量和经济效益的提高。实现管理工作系统化、专业化、规范化，提高工作效率，有利于提高企业的产品质量。依据《中华人民共和国计量法》《中华人民共和国强制检定的工作计量器具检定管理办法》及计量器具的可靠性对计量器具实行 ABC 分类管理。

计量器具的 ABC 分类管理，是根据计量器具在生产、经营中的作用和国家对该种计量器具的管理要求以及计量器具本身的可靠性，实行"保证重点、兼顾一致、区别管理、全面监督"的管理办法。

一、 A、B、C 三类管理范围

1. A 类计量器具的范围

（1）单位最高计量标准和计量标准器具；

（2）用于贸易结算、安全防护、医疗卫生和环境监测方面，并列入强制检定工作计量器具范围的计量器具；

（3）生产工艺过程中和质量检测中关键参数用的计量器具；

（4）进出厂物料核算用计量器具；

（5）精密测试中准确度高或使用频繁而量值可靠性差的计量器具。

2. B 类计量器具的范围

（1）安全防护、医疗卫生和环境监测方面，但未列入强制检定工作计量器具范围的计量器具；

（2）生产工艺过程中非关键参数用的计量器具；

（3）产品质量的一般参数检测用计量器具；

（4）二、三级能源计量用计量器具；

（5）单位内部物料管理用计量器具。

3. C 类计量器具的范围

(1) 低值易耗的、非强制检定的计量器具;

(2) 单位生活区内部能源分配用计量器具,辅助生产用计量器具;

(3) 在使用过程中对计量数据无精确要求的计量器具;

(4) 国家计量行政部门明令允许一次性检定的计量器具。

二、计量器具 A、B、C 分级管理办法

1. A 级计量器具管理办法

(1) 凡列入 A 级管理范围的计量器具应按国家检定规程要求向政府计量行政部门申请检定。对经政府计量行政部门授权开展自检的企业,也应严格按国家检定规程要求安排检定。

(2) 暂无检定规程的计量器具,企业应依照国家有关规定自行制定校验或比对方法,并报当地计量行政主管部门备案。

(3) 凡使用强制检定计量器具的单位,应设专职或兼职人员进行管理,以保证严格按规程实施周期检定,并监督检查使用情况。

(4) 使用标准物质的单位,应严格加以保管和进行操作。

2. B 级计量器具管理办法

(1) 对于连续性运转装置上拆卸不使的计量器具,根据有关检定规程,可随设备检修周期同步安排检定周期,但在日常运转中,必须严格监督检查。

(2) 对准确度要求较高,但性能稳定,使用不频繁的计量器具检定周期可适当延长。所延长的时间应以保证计量器具可靠性为原则。对使用频次高和需确保使用精度的计量器具,应酌情缩短检定周期。

(3) 通用计量器具专用时,按其实际使用需要,根据检定规程要求,可适当减少检定项目或只作部分项目的检定,但检定证书应注明准许使用范围和使用地点,并在计量器具的明显位置处标贴限用标志。

(4) 暂无检定规程的计量器具,应参照 A 级计量器具管理办法第 (2) 款执行。

3. C 级计量器具管理办法

(1) 对一些准确度无严格要求,性能不易改变的低值易耗的或作为工具使用的计量器具,可实行一次性检定。

(2) 非生产关键部位起指示作用、使用频率低、性能稳定而耐用以及连续运转设备上固定安装的计量器具,可以实行有效期管理,或延长检定周期,一般控制在 2 至 4 个周期内。

(3) 暂无检定规程的计量器具,应参照 A 级计量器具管理办法第 (2) 款执行。

（4）用于生活福利方面的计量器具严禁流入生产和其他领域使用。

（5）对列入 C 级管理范围的其余计量器具，可根据计量器具类别和使用情况，实行监督性管理。

进度检查

一、填空题

根据现场实际情况和主要产品的技术要求及常用计量器具低值易耗的特点，将计量器具划分为_____、_____和_____三类管理范围。

二、简答题

根据现场实际情况和主要产品的技术要求及常用计量器具低值易耗的特点，将计量器具划分为三类管理范围；按计量学用途分类，将计量器具分为三类。这两种划分方法的依据和结果有何异同？

素质拓展阅读

中国近代计量学的奠基人——吴承洛

吴承洛（1892 年 2 月—1955 年 3 月），字涧东，化学家、计量学家和学会工作活动家。1910 年赴上海南洋中学学习，1912 年考入北京清华留美预备学校（清华大学前身），1915 年留学美国，在里海大学工学院学习，以化学工程为主，理论化学为辅，兼学机械工程和工业管理。1918 年于里海大学毕业后，又到哥伦比亚大学研究院继续深造。1920 年他返回祖国，先在上海复旦大学任教，1921 年后任北京工业大学教授兼化工系主任。同时在北京大学和北京师范大学等校兼课。1927 年，吴承洛应蔡元培之聘，任南京国民政府大学院秘书，协助蔡元培训练了一批秘书干部，建立了新的公文程序，开创了新的民众教育制度。1930 年，任度量衡局局长、度量衡检定人员养成所所长，1932 年任中央工业试验所所长，后又继任度量衡局局长，1939 年任经济部工业司司长和商标局局长等。

新中国成立后，吴承洛任政务院财经委员会技术管理局度量衡处处长和发明处处长，主持建立度量衡制度、标准制度、发明专利制度和工业试验制度等，为开创和发展新中国的计量、标准化事业作出了贡献。

吴承洛关注度量衡单位制改革问题，是在 1927 年。南京政府成立后，当时绝大多数专家学者主张采用万国权度公制（简称"公制"）为我国标准制。为了顺利推行标准制，必须有便以民间习惯又与标准制有最简单比率的"市用制"作为过渡制。当时已提出 10 多个"提议"。工商部认为事关国家大计，应慎重商量、详细研究、博采周咨，并派吴健、吴承洛（当时在中国工程学会组织度量衡标准委员会）、寿景伟、徐善祥、刘荫茀等负责进行。吴承洛总结了清末和民国四年两次改制梗阻的原因，又搜集外国的成功经验，并对各个"提议"对照"便以民间习惯又与标准制有最简单比率"这一基本原则，分类评论，写了一万多字的论文：《中国度量衡制度标准之研究》（发表在《工程》1928年第7期）。在12个"提议"（18人参加）中有五六个"提议"，其市尺、市升、市斤对应的公制单位量比较接近。如1市尺＝30或32公分（厘米），1市升＝1公升，1市斤＝500公分（克或1/2公斤）。而吴承洛（和徐善祥）提出的"提议"，其表述为：1市尺＝1/3公尺，1市斤＝1/2公斤，1市升＝1公升；也可以表述为：3市尺＝1公尺，2市斤＝1公斤，1市升＝1公升，简称"一二三制"。这一"提议"巧妙地取"一二三"的比率，好学好记，换算简便，容易推行，故在评选中胜出。吴、徐的主导思想是不要像前几次那样搞甲制、乙制，标准制、辅制的双轨制，那样会造成换算麻烦且须配备两套器具等问题。仔细分析，"一二三制"中的市用制和万国权度公制同属公制单位量制，只是表述形式不同而已，所以当即被政府采纳，很快形成学术界共识。吴承洛的刻苦钻研、匠心独运，解决了多年来大家苦苦思考的难题，带来了很大的社会效益，功不可没。

　　吴承洛的一生，是勤奋钻研科学的一生，是追求计量大同的一生。他以"人生工作无限，正如生命长存"自励自勉，为发展祖国的科学事业和学会工作，贡献了毕生的精力。他在主编数百万言的《三十年来之中国工程》巨著时，即使对校对工作亦颇费心机，"必自行捧读一遍，周览一周，而尤恐有错误之处"，真可谓呕心沥血、极端负责。吴承洛家中放满各类书籍，经常见他日夜不停地工作。1950年，他在一份《自传》中写道："我的嗜好只有工作，我的生命就是我的意志，在任何社会环境中，我有我的坚忍不拔的意志，这个意志就是工作。于学习中求进步，于工作中求进展，人生以服务为目的，我立志为科学技术服务，立志为祖国、为人民服务。"

　　资料来源：邱隆，陈传岭．中国近代计量学的奠基人——吴承洛［J］．中国计量，2010（08）：61-64.

模块 2　化验室组织机构与设施建设

编号 FJC-26-01

学习单元 2-1　管理及管理方法

学习目标：完成本单元的学习之后，能够对管理的产生与发展以及管理方法有所掌握。

职业领域：化工、石油、环保、医药、冶金、汽车、食品、建材等工程。

工作范围：分析检验。

一、管理实践与管理思想的产生及发展

（一）我国管理实践与管理思想的产生及发展

1. 我国古代的管理实践活动

（1）我国古代国家的管理　我国早在先秦时期就已经有一套从中央到地方的行政管理制度，商朝时，中央设置相、卿士，辅佐商王处理国家大事；设置卜、祝、史，负责祭祀、占卜和记录国家大事；设置师长，执掌军权；地方封侯、伯，他们既是臣服于商朝的一国首领，也是商朝的高官，他们定期要向商王纳贡，并奉命征伐。周朝设立了"三公""六卿""五官"，分管朝廷的各种政务，同时辅以监狱、军队等来对国家实施管理。

（2）我国古代大型工程的建造管理　长城、都江堰、阿房宫、秦兵马俑等两千年前大型工程的建造，仅靠单纯的人力和物力是完成不了的，这些浩大工程的竣工说明我国古代就已经具备了很高的管理水平。

2. 我国古代的管理思想

我国的历史源远流长，在上下五千年历程中，有着丰富的治理国家、发展农商、战争攻守、教化百姓、文化礼仪等方面的文化典籍，以及探究天理、人性等的哲学著作，其中大都蕴含着丰富的管理学思想。如《孙子兵法》被世界誉为最深刻、永远新鲜的管理经典。我国历史上如孙子、老子等都可称之为管理的典范人物。

（1）民本思想　"以民为本"的思想是中华传统文化的主流思想，孔子曰："自古皆有死，民无信不立。"取信于民，为民请命是古代时一个重要的管理目标。

（2）人和思想　儒家提倡"礼之用，和为贵"。"和"强调的是人际关系融洽、和谐，和则兴邦。

（3）治众如治寡的思想　《孙子兵法》是一部不朽的兵书，也是多处闪烁着中国古代管理思想精华的名典。《孙子兵法》中说："凡治众如治寡，分数是也；斗众如斗寡，形名是也。"这里的"分数"就是指指挥管理的方法；"形名"，就是指通信指挥的工具，如旌旗的信号、战鼓的声音等。

（4）名正言顺的思想　孔子曰："名不正，则言不顺；言不顺，则事不成；事不成，则礼乐不兴。"实际上就是职责相符，职权相配的观点。《周礼》一书中，更是用了大量篇幅论述了官职的名称、职责范围、相应的权力、上下隶属关系等内容。

（5）求治防乱的思想　老子指出："为之于未有，治之于未乱。"要想"求治防乱"，一定要防患于未然。

（6）守信思想　子夏曰："君子信而后劳其民，未信则以为厉己也；信而后谏，未信则以为谤己也。"人无信则不立，人是群居动物，人与人之间必然会产生交集，也就是我们所说的交往。不论是人与人，还是人与动物的交流，成功与否的关键是信任。如果没有信任，任何的交流都无法达成。所以我们要与人交流，首先要考虑的是如何获得别人的信任，进而才考虑去完成其他的目的。

（7）求是思想　实事求是，办事从实际出发，是思想方法和行为的准则。儒家提出"守正"原则，看问题不要偏激，办事不要过头，也不要不及，"过犹不及"，过了头超越客观形势，易犯冒进错误，不及于形势又错过时机，流于保守。两种偏向都会坏事，应该防止。

（二）西方管理实践和管理思想的产生与发展

西方管理实践活动虽然开展的时间不长，但管理思想发展速度极快，且基本上分为三个阶段。

1. 传统管理阶段

传统管理阶段，也被称为经验管理阶段，从18世纪80年代到19世纪末，在工厂制度的早期，管理思想就出现了萌芽。这阶段的主要特点有两个：一是企业所有者就是管理者，管理者凭个人经验和感觉进行管理，没有标准和规程；二是管理知识和操作技能的学习依靠师父带徒弟的方法，没有正规的、统一的培训方式。

2. 科学管理阶段

科学管理阶段，从20世纪初到20世纪40年代。在这个阶段，管理实践经验不断被积累起来，并被提升到理论的高度，出现了许多理论学说，它们从不同的层面对管理进行了卓有成效的研究，为管理理论的发展奠定了基础，为进一步形成理论体系做出了巨大的贡献。其中的代表人物有美国人泰勒和法国人法约尔，前者更是被尊为"科学管理之父"。

这一管理阶段的特点主要有三个：一是企业所有者与管理者分离；二是科学的管理方式和技能取代了经验管理；三是管理开始系统化。

3. 现代管理阶段

现代管理阶段，第二次世界大战后至今，在这个阶段，由于科技的发展、生产力的提高，新的管理理论、思想、方法不断涌现，出现了"百家争鸣"的局面。主要代表人物有乔治·埃尔顿·梅奥和孔茨。乔治·埃尔顿·梅奥被誉为"人际关系理论的创始人"，他用了 8 年时间，在美国芝加哥郊外的西方电气公司霍桑工厂进行了著名的心理学实验——霍桑实验，并据此提出了人际关系的理论。另一位代表人物西蒙则提出了管理的中心是经营，经营的要点在决策。

二、管理概念与管理内容

（一）管理的概念

娃哈哈集团董事长宗庆后认为管理就是"管"和"理"，要把整个流程理顺，并按要求去管。当然，先管再理还是先理再管，要看自己的具体情况。

美国管理学家孔茨（H. Koonz）为管理过程理论的代表人物，他认为设计和维护一种环境，使身处其间的人们在集体内一道愉快地工作，以完成预定的使命和目标，就是管理。

管理活动自古就有，它是人类组织社会活动的一个基本手段。现代意义上的管理是指管理者为了达到一定的目标，在其管辖范围内进行的一系列计划、组织、领导和控制等活动过程。

（二）管理的内容

管理的内容主要包括以下几方面。
① 管理的目标。
② 管理的手段，一般包括行政手段、法律手段、经济手段、思想政治工作等。
③ 管理的对象，一般包括人、资金、物资、时间和信息等。
a. 人是财富的创造者、时间的利用者和信息的沟通者，是管理对象的核心；
b. 资金和物资是企业发展的物质基础；
c. 时间是企业效率的反映；
d. 信息是管理决策的依据。
④ 管理职能，主要有计划、组织、领导和控制四种管理职能。

（三）管理者

管理者，简单地说就是管理活动和管理职能的承担者。美国学者斯蒂芬·P. 罗宾斯认为，管理者就是那些在组织中指挥别人活动的人。随着管理作用的日益发挥，作为管理活动主体的管理者在组织中的地位也越来越重要，从某种意义上说管理者是组织活动成败的关键因素。管理大师德鲁克曾说过这样的话："如果一个组织运转不动了，我们当然是去找一个新的总经理，而不是另雇一批工人。"

1. 管理者的能力

① 管理者要有全局性和预见性的战略思想与战略眼光。

② 管理者应具有领导力。领导力是一种能够激发团队成员热情与想象力的能力，是一种能够统帅组织成员全力以赴去达成目标的能力，是一种能够影响别人，让别人跟从的能力。

③ 管理者应具备相应的专业知识和技术。管理者能够运用一定的知识、技术、工具和程序完成工作任务，如工程师要具备工艺设计方面的知识和技能，销售经理要具备产品知识和推销能力等。专业知识和技术对管理者来说是非常必要的，如果不具备这些技能，管理者就无法对下属的工作进行很好的指导、监督。

④ 管理者应具备与人打交道的能力。作为管理者，必须经常与各种各样的人打交道，其中既包括组织内部的各种人员，如上级管理者、同事和下属等，又包括组织外部的各种人员，如政府工作人员、供应商等，因此管理者必须具备进行有效交往和沟通的能力，以实现自己的管理职能。

⑤ 管理者应具备洞察事物本质及相互关系的能力。管理者面对的环境通常是复杂的，因此他们必须能够对各种环境做出正确的分析和判断，并在此基础上做出决策。

⑥ 管理者应具有很强的执行能力，所谓执行能力，指的是管理者能够贯彻企业战略意图，完成预定目标的操作能力，是把组织的战略、规划转化成效益、成果的关键。

⑦ 团队建设的能力。

2. 管理者的职责

① 确定被管理者的工作任务。
② 规定被管理者的工作方法。
③ 制订本部门的工作标准，并予以监督实施。
④ 制订工作考核方面的制度，并组织考核。

3. 管理者必备的素质

现代企业管理者必备的六大素质：思想素质、品德素质、知识素质、能力素质、身体素质、心理素质。

三、企业管理的基本原理与方法

我们应简单了解企业管理的知识。

（一）企业管理的基本原理

在企业管理活动中，要运用科学的方法，进行最有效的管理，我们就必须掌握科学管理的原理。

1. 二重性原理

管理的二重性是指管理既具有自然属性，又具有社会属性。因此，工业企业在实施管理过程中，一方面必须注意适应现代化大生产的要求，采取科学的方法合理组织生产力；另一方面企业还必须注重管理的社会属性，管理者要坚持全心全意为人民服务，处理好国家、企业、员工三者之间的关系。

2. 系统原理

系统原理是运用系统（整体）论的基本思想和方法指导管理实践活动，解决和处理管理中的实际问题，系统原理是管理中重要的指导思想。系统管理相对应的管理原则如下。

（1）整分合原则　高效率的管理必须在整体规划下有明确分工，又在分工的基础上有效地综合。

（2）能级原则　能级原则指组织内的职权和责任按照明确而连续不断的系统，从最高管理层一直贯穿到组织最低层，做到责权分明，分级管理。

（3）反馈原则　任何特定组织都是一个闭环控制系统。管理方式和管理手段构成一个连续闭合的回路，在这个闭环系统中，反馈起着关键的作用。反馈将经过处理后输出的信息又回馈到输入端，以影响系统性能，控制整个系统，因此只有从管理体制上保证信息反馈的有效运转，才能使管理工作充满活力。例如，管理高效的企业下达任务后，同时要制订反馈方案，进行定期的检查，以验证效果，发现问题，及时纠正和改进，才能保质保量地完成任务。

3. 人本原理

人本原理，是指管理要以人为本，人既是管理的主体，又是管理的客体，离开了人，就不存在管理。因此，如何创造良好的社会环境和管理环境，充分发挥人的主观能动性是做好人本管理的关键所在。

4. 责任原理

企业中的每个人都必须清楚自己在企业中的位置以及必须承担的责任，明确自己应该完成的任务。作为管理者，要运用好责任原理，就要处理好权力、利益和能力之间的关系，对于出色完成任务的员工，应当给予奖励；相反，对不能胜任工作的员工，要给予处罚。以此调动员工的积极性，不断提高自身的能力，让自己更好地履行应有的职责，为企业的发展做出更大的贡献。

5. 效益原理

所谓效益是指产出与投入之间的比例关系，其中包含两种意义，即企业的经济效益和社会效益。因此，企业管理不能一味地追求最新技术、最优产品、最高利润、最低成本，而是要根据社会需要、企业条件、消费者利益采用最有效的技术，达到最适应的质量，以合理的成本取得令人满意的利润，经济效益和社会效益并重。

（二）企业管理的基本方法

企业是一个复杂的系统，管理企业不能只凭经验，而应该运用合理科学的方法进行管理。目前我们所运用的方法，可以归结为以下几种。

（1）经济方法　是指按照客观经济规律的要求，正确运用经济手段来执行管理职能的方法。如以提高经济效益为目的，实行责、权、利相结合的经济管理制度等。

（2）行政方法　是指企业各级行政组织机构运用其权力，通过决议、命令、定额等手段和措施直接对管理对象产生作用。

（3）法律方法　是指企业运用国家的有关法规来管理生产经营活动和职工行为的方法。

（4）教育的方法　企业通过各种教育培训，不断提高职工素质，调动职工的工作积极性，进而加强对企业的管理。

进度检查

一、填空题

管理的二重性是指管理既具有_____属性，又具有_____属性。

二、简答题

1. 什么是管理？
2. 企业管理有哪些基本原理？

学习单元 2-2　化验室的发展与分类

学习目标：完成本单元的学习之后，能够对化验室的产生与发展有一定的了解。
职业领域：化工、石油、环保、医药、冶金、汽车、食品、建材等工程。
工作范围：分析检验。

一、分析检验工作的发展

随着人类社会生产力的发展和生产技术水平的提高，人类社会的各种活动，如人们的物质文化生活、各行业的生产、科学研究、生态环境保护、海洋和太空探索等，对所需物资、材料、仪器、设备、通信和运载工具等产品的质量要求也在逐渐提高。那么，这些产品的质量是怎样被控制和确认的呢？从目前的情况来讲，是依靠各类化验室分析检验系统的分析检验工作加以控制和确认的。

在人类社会生产的发展过程中，生产的规模从小到大，生产方式从简单到复杂，生产技术水平从低到高，从传统的手工作坊到现代的集约型生产企业，经过了漫长的发展道路。而其中的分析检验工作也是从无到有、从简单到复杂、从松散的个体行为到有组织的群体活动，逐渐发展而来。在最早的生产实践活动中，人们对物质的需求没有质量的概念和标准。随着生产实践的演进，到先秦时代，出现了第一部技术标准《考工记》。该技术标准记载了某些产品的生产工艺、控制方法和技术要求等，并规定对产品要进行检验，不合格的要返工。这就是说，《考工记》最早提出了对产品质量进行检验，以衡量其是否满足需要的要求。公元 1103 年北宋朝延颁发的中国建筑史上第一部国家技术标准——《营造法式》和明朝末年宋应星所著的纺织标准化教科书——《天工开物》，除了表述生产的技术工艺、操作方法、质量要求等内容以外，都要求进行生产过程的控制和产品最终质量的检验。在中华民族光辉灿烂的历史上，诞生了不少惊世之作，如青铜器、景德镇陶瓷、享誉中外的酱香型和浓香型白酒、历经两千余年仍雄伟壮观的万里长城、距今有千余年历史并在 1976 年唐山大地震中安然无恙的独乐寺等，均为质量控制与检验得当的典范。然而，直到 18 世纪欧洲工业革命之前，我国的生产方式都是比较简单的，生产技术水平也不高，而其中出现的分析检验工作也是简单而粗略的，可概括为"眼看、耳闻、口尝"。例如，木工在做家具、修建房屋等工作中，木枋是否被刨直，是用肉眼观察后进行判断的；检验稻谷的质量也是用肉眼来观察稻谷颗粒是否饱满、大小是否均匀；黄金纯度的检验，是通过眼睛观察其黄色的深浅来确认；判断钢刀刀刃的硬度，是通过手指甲拨动刀刃，闻其振动发出声音的清脆程度来加以确定；银币真伪的识别，也是用口对着银币吹气，再闻其振动发出的声音来加以判断。食品质量的控制与检验，基本是用口尝，最典型的是白酒质量的控制与检验。我国是白酒生产和消费大国，生产白酒的历史源远流长，而在相当长的时间里，其质量的控制与检验均是采用口尝的方法，即对以基酒、水和其他辅料勾兑的成品酒，采用口尝来确定勾兑的结果，称为品酒，实质就是检验白酒的质量。

在人类的发展史上，随着科学家对物质、自然现象等研究工作的深入，人们对物质的物理性质、化学性质有了比较深入和全面的认识，而以此为基础，鉴定各种物质和测定其组成的技术——分析化学也由此诞生并很快在生产、科研中得到广泛应用，为促进当时的生产、科学研究等方面的技术进步起到了重要的作用，同时也为分析化学技术自身的发展奠定了基础。溶液理论的发展，为分析化学提供了理论基础，建立了溶液中的四大平衡理论，使分析化学从一门技术上升为研究物质化学组成、结构、含量的分析方法及相关理论的一门科学。20 世纪 40 年代，随着物理学、电子学的发展，分析化学从以化学分析为主的局面发展到以仪器分析为主的现代分析化学。从 20 世纪 70 年代末开始，以计算机应用为主要标志的信息时代的来临，给分析化学带来了前所未有的发展机遇，分析化学吸取当代技术的最新成就，利用物质的各种特征、性质，建立了测量的新方法、新技术。分析化学正处于发展史上第三次变革时期，其特点是对生命科学、环境科学、新材料科学中呈现的具有挑战性的新的未知信息的探索已成为分析化学最热门的研究课题；研究手段在综合光、电、热、声、磁学原理的基础上，进一步采用数学、计算机科学及生物学等学科的新成就，对物质进行纵深分析，获取物质尽可能全面的信息。

如今生产企业的分析检验工作，在各级质量管理部门的监督和指导下，组成了专门从事分析检验工作的组织管理和实施机构——化验室，并按照生产工艺指标或质量标准的要求，采用相应的分析检验方法，配备相应仪器设备、化学试剂、各类器材、数据处理系统、管理与技术文件等技术装备和分析检验管理及技术人员，有组织地完成化验室分析检验系统的目标和任务。其分析检验的技术能力和水平较之"眼看、耳闻、口尝"的时代有着天壤之别。

现代生产企业的化验室工作主要体现在两个方面：一是组织管理工作。它的意义在于通过管理者运用计划、组织、领导、控制等各种管理技术、方法和手段，引导和组织起有效有序的分析检验技术工作和其他工作，并使化验室的人力、物力、财力和信息等资源得到有效和充分的利用，以实现化验室组织的目标和任务。二是分析检验技术工作。现代化验室集化学分析、仪器分析的功能于一体，各种计量器具、检测设备和化学试剂等材料的应用比比皆是。如化学分析的称量瓶、烧杯、容量瓶、移液管、滴定管、分析天平、恒温电热干燥箱、恒温电热水浴加热器、马弗炉等；仪器分析的可见、紫外、红外、荧光分光光度计，原子吸收分光光度计，自动电位滴定仪，库仑分析仪，气相色谱仪，高效液相色谱仪，X 射线衍射仪，核磁共振波谱仪以及复合型分析仪器如色谱-质谱联用分析仪等。依据被检验物质的化学性质或物理性质以及使用上述计量器具、检测设备和化学试剂等材料建立的分析检验方法，在化工、医药、食品、石油、冶金、轻工、电子、建材、纺织、农业、商业、环保等行业或部门得到广泛应用。分析检验方法的灵敏度也在不断提高，如可见分光光度法可测到的检验组分的最低含量为 $10^{-5}\%$，原子吸收分光光度法的绝对检测限可达 10^{-14} g，所以，分析检验方法广泛地用于被检验组分为常量（质量分数＞1%）、微量（0.01%～1%）和痕量（＜0.01%）的分析检验。

化验室的组织管理工作和分析检验技术工作有机地结合在一起，为企业的生产控制、技术改造、新产品试验等起到了无可替代的重要作用，保证了化验室目标和任务的完成。

随着科学技术的不断发展，特别是各研究领域边缘学科的蓬勃兴起，化学计量学和过程分析化学等新兴学科在现代工业生产和化验室中得到应用，摆脱了传统的离线分析检验而实现了生产工艺流程质量指标的现场直接控制以及远程监测等。分析检验人员从单纯的数据提供者转为由分析检验数据获取有用信息，成为控制生产过程、提高产品质量的参与者和决策者。

二、化验室的定义、分类

（一）化验室的定义

从物质属性的角度定义，化验室是为控制生产、技术改造、新产品试验及其他科研工作而进行分析检验等工作的场所。

从社会属性的角度定义，化验室是化验系统组织结构的基本单位。因为它被赋予了明确的目标和任务，集合了一定的人力、物力、财力和信息等资源且在时间和空间内进行合理有效的配置，构成了与分析检验的目标、任务和要求相适应的综合管理和技术环境，并由相关的各类人员有组织地进行管理和分析检验等工作。

从功能的角度定义，化验室是工业生产企业的检测实验室习惯上的简称。因为在工业生产企业，尤其是化工生产企业中，分析检验工作的核心任务是完成对原辅材料、半成品和产品的理化检验，即依据被检验物质的物理性质、物理化学性质或化学性质对被检验样品进行物理常数、化学组成等分析检验，从而确定其是否符合生产工艺指标或质量标准的要求，为指导和控制生产正常进行、原辅材料和产品质量的确认提供依据，为技术改造或新产品试验等科研工作提供服务。正如 1957 年时任中国科学院院长的郭沫若为某化工学校化工分析专业题词所表述："化学分析是工业生产的眼睛，不仅能为工业生产服务，还将进一步看透自然界的秘密"。

现代化化验室的标志是建立了科学、规范的化验室组织与管理体系和完备的分析检验工作质量保证体系并投入了运行；具备功能强大的分析检验系统；具有较高的化验室水平和化验室工作质量；获得一定认可，如图 2-1 所示检验报告的顶部有一排标识，均为化验室认可标识。

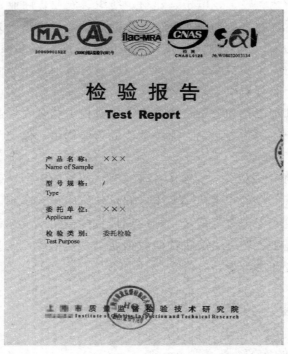

图 2-1　某检验报告

（二）化验室的功能

（1）原辅材料和产品质量分析检验功能　对企业生产所需用的原辅材料、最终产品按执行标准和分析检验方法进行正确的分析检验和得出正确结论的功能。

（2）生产中控分析检验功能　对企业生产中的半成品按执行标准和分析检验方法进行正确的分析检验和得出正确结论的功能。

（3）为技术改造或新产品试验提供分析检验的功能　为企业的技术改造或新产品试验等科研活动提供正确分析检验结论的功能。

（4）为社会提供分析检验的功能　根据社会需要，提供一定的分析检验技术服务的功能。

（三）化验室的分类

1. 按认可（证）资格条款分类

（1）认可（证）化验室　我国化验室认可活动可以追溯到 1980 年，当时的国家标准局和国家进出口商品检验局共同派代表团参加了在巴黎召开的 ILAC 大会。1986年通过国家经济管理委员会授权，国家标准局开展了对检测化验室的审查认可工作，同时国家计量局依据《计量法》对全国的产品质检机构开展计量认证工作。

为了进一步整合资源，发挥整体优势，2006 年 3 月 31 日 CNCA 根据《中华人民共和国认证认可条例》将 CNAL 和中国认证机构国家认可委员会（CNAB）合并，成立中国合格评定国家认可委员会（China National Accreditation Service for Conformity Assessment，CNAS），统一负责对认证机构、化验室和检验机构等相关机构（简称"合格评定机构"）的认可工作。该认可委员会的宗旨是推进合格评定机构按照相关的标准和规范等要求加强建设，促进合格评定机构以公正的行为、科学的手段、准确的结果有效地为社会提供服务，并依据国家相关法律法规，国际和国家标准、规范等开展认可工作，遵循客观公正、科学规范、权威信誉、廉洁高效的工作原则，确保认可工作的公正性，并对作出的认可决定负责。获得认可的化验室优势在于：除了具有必备的实验硬件以外，更重要的是实行了严格的化验室质量管理，建立有化验室质量体系并投入运行；具有较高的化验室水平和化验室工作质量。

（2）技术监督机构认证的化验室　还未得到中国合格评定国家认可委员会或其派出机构进行审查考核和认可的化验室。其化验室水平和化验室工作质量相对还存在一些不足，但取得了地市级以上技术监督机构认证的从事分析检验的法定资格。

2. 按主要使用的分析检验方法分类

（1）化学分析检验室　其使用的分析检验方法主要是化学分析法的分析检验室。这类分析检验室的特点是，使用的分析仪器设备简单，投资较少，分析检验成本较低，多数应用于常量组分的分析检验；分析检验操作繁琐，易造成环境污染。这类化验室多为一些生产规模较小、生产工艺简单、产品比较单一的生产企业所采用。

（2）仪器分析检验室　其使用的分析检验方法主要是仪器分析法的分析检验室。这类分析检验室的特点是，使用的分析仪器设备大型和复杂，投资较大，分析检验成本相对较高；分析检验操作简单，分析检验速度较快，灵敏度高，多数应用于微量和痕量组分的分析检验，分析检验结果的重复性和准确度高。这类化验室多为一些生产规模较大、生产工艺复杂、对分析检验速度和结果要求较高、资金雄厚的大中型生产企业所采用。

3. 按功能分类

（1）中控化验室　为控制生产工艺提供分析检验数据的化验室。一般设置在生产企业的车间或工段上，主要从事生产原材料、半成品的分析检验，及时地为生产工艺控制部门提供分析检验数据，确保生产工艺的各种指标处于规定的正常范围内。中控化验室所采用的分析检验方法一般要求分析检验的操作简单，速度较快，结果的准确度不一定很高。中控化验室在业务上受中心化验室的监督和指导。

（2）中心化验室　具备按企业生产和质量管理的要求履行产品检验、控制和监督以及为技术改造或新产品试验等科研活动提供服务等功能的化验室。中心化验室一般具有分工明确的各类专业室和发挥上述功能所需的专业技术人员及仪器设备、化学试剂、各类器材、数据处理系统、管理和技术文件等技术装备，有职责分明的各级行政管理体系和完备的分析检验工作质量保证体系，有对下属化验室实施业务指导和监督的职责与职能。

在我国，由于地区经济发展水平的不平衡，各地区企业的化验室在硬件、软件方面也存在较大的差异，表现为化验室水平和化验室工作质量上高低不一。我国现有的化验室大体可划分为以下几个层次。

① 水平和工作质量较高的化验室。主要分布在一些规模较大、技术先进和资金雄厚的国有企业、外资和合资企业以及部分民营企业。这批化验室具有健全的化验室组织结构、管理体系和完备的分析检验工作质量保证体系，并能按照生产工艺指标控制或产品质量标准的要求充分利用仪器设备、化学试剂、各类器材、数据处理系统、管理与技术文件等技术装备和分析检验管理及技术人员，有组织地完成化验室的目标和任务；能够或基本能够达到 CNAS-RL01《实验室认可规则》、ISO/IEC 17025 规定认可资格相关条款的要求。

② 水平和工作质量一般的化验室。主要分布在中小型国有企业，一些规模较小、技术水平一般的外资和合资企业以及部分民营企业。这部分化验室管理水平一般，技术上基本能够满足生产工艺指标控制和产品质量检验。

③ 水平和工作质量较差的化验室。主要分布在城乡的一些集体所有制企业和民营小型企业。这批化验室不仅缺乏化验室的一般管理，而且仪器设备简陋、技术人员欠缺，一般仅能应付产品质量检验。

进度检查

一、填空题

1. 化验室的定义有 ＿＿＿＿＿＿ 种，是分别从化验室的 ＿＿＿＿＿＿ 属性、＿＿＿＿＿＿ 属性和 ＿＿＿＿＿＿ 角度给出的。

2. 化验室的功能包括 ＿＿＿＿＿＿ 、＿＿＿＿＿＿ 、＿＿＿＿＿＿ 、＿＿＿＿＿＿ 4 个方面。

二、选择题

1. 在现代化生产企业，分析检验人员成为控制生产过程、提高产品质量的（　　　）。

A. 参与和决策人员　　　　　　　　B. 助手

C. 副手　　　　　　　　　　　　　D. 可有可无的人员

2. 化验室的主要工作包括（　　　）。

A. 分析检验工作　　　　　　　　　B. 组织与管理工作

C. 实现生产现场直接控制　　　　　D. 组织管理工作和分析检验工作

3. 我国最早诞生的第一部技术标准文件是（　　　）。

A.《营造法式》　　　　　　　　　　B.《考工记》

C. 《天工开物》 D. 《本草纲目》

4. 根据化验室水平和化验室工作质量的差异，我国现有的化验室可分为（ ）。

A. 2 种层次 B. 5 种层次

C. 6 种层次 D. 3 种层次

三、简答题

1. 产品质量是怎样被控制和确认的？

2. 简述早期的分析检验工作和现代分析检验工作的差异。

学习单元 2-3 化验室的基本要素

学习目标：完成本单元的学习之后，能够对化验室的基本要素有所掌握。
职业领域：化工、石油、环保、医药、冶金、汽车、食品、建材等。
工作范围：分析检验。

一、化验室的基本要素

（1）明确的目标和任务 如原辅材料分析检验、生产中控分析、产品质量检验、为技术改造或新产品试验提供分析检验。

（2）一定数量的化验室工作人员 工作人员包括管理人员、技术人员和其他辅助人员。技术人员应从专业、技术层次和年龄结构等方面进行合理配置。

（3）必要的化验室建筑用房、仪器设备和其他设施 如各种专业工作室、办公室、保管室、计算机房；计量和检测仪器设备及其他仪器设备；水、电、气、通风、采暖、废弃物处理等设施。

（4）必需的经费 仪器设备购置、维护保养和维修经费，分析检验消耗试剂、药品和材料经费，其他经费。

（5）有关的信息资料 管理信息资料、文件、技术标准、分析检验方法、分析操作规程等。

二、化验室检验系统的基本要素

化验室检验系统的基本要素是由化验室检验系统的构成要素和化验室检验系统的构建两方面组成的。

1. 化验室检验系统的构成要素

化验室检验系统是整个化验室组织系统的重要组成部分，是根据不同的检验项目，集合相应的检验技术条件，构成一个与检验的性质、任务和要求相符合的检验技术环境，由检验系统中的各类人员有组织地进行检验的技术和管理工作，从而完成其系统的目标和任务。检验系统实际上是化验室组织系统的子系统，它的构成要素包括系统的人力资源、仪器设备与材料、化验室管理信息和文件资料。

当检验系统的各基本要素都达到预先设计的要求时，通过系统内人员的管理和分析检验工作，就可以了解产品在整个生产中的形成过程，获得产品质量及其变化情况和影响因素等多种信息。为产品生产工艺过程的控制、保证产品的最终质量提供科学和有效的依据。这是化验室的主要职能，是检验系统的目标和任务。

2. 化验室检验系统的构建

化验室检验系统的构建应主要根据化验室所要进行的分析检验项目，选择或建立相应的分析检验方法或分析检验操作规程，确定所需要的仪器设备、化学试剂和其他一些必需的材料，最后确定需要的人力资源。

这里所说的检验项目，可以包含生产所用的原材料和辅助材料的检验项目、为控制生产工艺过程而进行的半成品检验项目、产品分析检验项目、技术改造或新产品试验等科学研究工作所需要的检验项目。分析检验方法或分析检验操作规程可能来自国际认证标准、国家标准、行业标准等，主要属于化验室的技术资料范畴。仪器设备包括计量和检测的一般仪器设备、大型精密仪器设备及化验室的数据系统。化验室检验系统人力资源，主要包括多专业各层次的技术人员、少数的管理人员和其他的辅助人员。

构建化验室检验系统时，应充分注意系统各基本要素的有机匹配，在选择或建立相应分析检验方法或分析检验操作规程时，以满足生产工艺指标或原辅材料及产品执行标准的要求为准；在选用检验仪器设备时也是如此，不要盲目地追求高新仪器设备；人力资源应从专业、技术职务结构和年龄结构等方面进行合理的配置；发挥化验室检验系统功能的同时，使化验室检验系统的运行成本较低。

📝 **进度检查**

1. 化验室的基本要素有哪些？
2. 构建化验室检验系统时，应注意哪些问题？

学习单元 2-4　化验室组织机构与权责

学习目标：完成本单元的学习之后，能够对化验室的组织机构及其权责有所掌握。
职业领域：化工、石油、环保、医药、冶金、汽车、食品、建材等。
工作范围：分析检验。

一、组织

从广义上说，组织是指由诸多要素按照一定方式相互联系起来的系统。从狭义上说，组织就是指人们为实现一定的目标，互相协作结合而成的集体或团体，如党团组织、工会组织、企业、军事组织等。狭义的组织专门指人群，运用于社会管理之中。在现代社会生活中，组织是人们按照一定的目的、任务和形式编制起来的社会集团，组织不仅是社会的细胞、社会的基本单元，而且可以说是社会的基础。

从管理学的角度，所谓组织，是指这样一个社会实体，它具有明确的目标导向和精心设计的结构与有意识协调的活动系统，同时又同外部环境保持密切的联系。

实现化验室组织目标，须建立一个能为实现这一目标进行有效管理的机构——化验室组织机构。机构的设置应以组织目标为依据，有效地进行人员配置、仪器设备配置，明确组织机构在检验中所具有的地位及权力。

二、化验室组织机构

（一）化验室组织

所谓资源，泛指社会财富的源泉。归纳起来，资源基本上包括两大类：一类是物力资源（仪器、设备、设施等）；另一类是人力资源（数量与质量）。这两种资源是实现化验室质量保证的基本条件。

1. 化验室规模

化验室的规模应根据企事业组织的目标进行设计和规划。例如，一个小型企业（小型化工厂）其生产项目单一，检验方法简单，只要求对产品做出一般的质检分析，并不需要配置十分精密的仪器设备及优良的设施环境，因此这样的化验室所具有的规模就相应小些。又如，对于大中型企业，由于生产的产品种类多，涉及的检验方法和测试手段也比较多样化，目标要求较高，需要的仪器设备精度高、种类全，不仅有简单的仪器设备及较完整的检测设施，而且还需要有大型的精密仪器和必备的校准作业设施，更需要有一支专业水平较高的技术人员队伍。这类化验室的规模一般较大。再如，对于具有特殊性质的研究机构，不仅有种类齐全的精密仪器和优良的检测设施，而且还要有一支高素质、高水平的专业研究人员队伍，所以化验室的规模通常也较大。

总之，化验室规模要从实际出发，统筹规划，合理设置，要做到建筑设施、仪器设备、技术队伍与科学管理协调发展。

2. 人员配置

化验室人员配置要依据企业的组织目标要求进行合理配置。所谓合理配置，就是将投入的人力安排到企业中最需要、最能发挥才干的岗位上，以保持整个企业系统的协调。这不仅能达到调整和优化企业系统劳动组合的目的，又能使整个系统各环节的人力均衡、人岗匹配，有利于发挥每个人的作用。因此在对化验室人员配置时需考虑以下3个方面。

（1）检验人员的基本条件

① 热爱本职工作，忠于职守，勤奋学习，努力钻研，积极完成本职工作。

② 加强思想道德修养，严格要求自己，办事公正，实事求是，严格遵守检验人员的岗位职责。

③ 具有中专以上学历的文化专业知识，受过检验、测试工作技能专业培训，取得资格证书，能独立进行测试工作，能根据测试结果对被检试样做出判断。

④ 身体健康，无色盲、色弱、高度近视等与检验工作要求不相适应的疾病。

（2）化验室人员的构成　人员构成主要是从化验室组织目标出发，依据化验室所承担的任务，首先考虑专业结构设置。因此需要建立和配备一支专业性强的技术人员队伍和一套必要的检测设施，以满足和保证组织目标的实施。其次，在配置人员过程中，除考虑专业结构合理设置外，原则上还应从实际工作出发，按层次配置，并配备相应的高级、中级、初级技术人员结构，人员结构呈"金字塔"形。再次，从长远的检验工作利益考虑，还应在年龄层次上有所差别，最好是形成一个年龄梯队，老、中、青各占有一定的比例。

由于企业规模及化验室组织目标各有不同，人员配备形式也不尽相同。特别对于那些规模较大的企业或外资及合资企业等，其化验室往往自成管理体系，并设置各种业务科室（部），因此人员配置可以根据各企业质量手册中的质量目标规定要求进行有机组合。

（3）任职资格和条件

① 分析车间主任应具备高级技术职称，精通本系统的检验任务工作，善于检验管理，掌握有关法律和法规。

② 技术负责人应具备高级技术职称，熟悉检验业务和技术管理，具备解决和处理检验工作中技术问题的能力。

③ 质量负责人应具备中级以上技术职称，熟悉检验业务和检验工作质量管理方面的知识，有处理质量问题的能力。

④ 其他科室负责人应具备中级以上技术职称，精通本科室的管理与专业知识，掌握与检验有关的法律知识。

⑤ 检验人员应具备本专业基础知识，了解有关法律法规知识，并经考核后具备上岗资格。

⑥ 内审员（审核人员）应熟悉有关标准和质量体系文件，能独立拟定审核活动，掌握质量体系审核的知识和技能，并经过培训达到合格，一般由系统的负责人担任。

⑦ 质量监督员应熟悉检验工作方法和程序，了解检验目的和检验标准，并能评审检验结果，一般由系统的技术人员担任。

3. 仪器设备配置

化验室仪器设备的配置主要根据所承担的检验任务及性质来进行。例如，从事常量组分测定工作，可以配制滴定分析和称量分析中常用的仪器与设备，如滴定管、容量瓶、锥形瓶和移液管及高温电炉、分析天平、坩埚等；对于微量组分分析，则需要配置灵敏度高的检测仪器，如光学分析用的可见分光光度计、原子吸收分光光度计及辅助设备、紫外可见分光光度计、原子发射光谱仪等，色谱分析用的气相色谱仪、高效液相色谱仪，电化学分析用的电位滴定仪、库仑分析仪、离子计和酸度计等，用于结构分析的红外光谱仪、质谱仪、核磁振波谱仪等。因此在对仪器设备进行配置时，应结合具体实际情况，按企业生产的产品种类和分析方法的要求及标准的约束等各方面综合指标进行购置。

购置所需仪器设备时，要做好技术考察工作，使所购置仪器设备的各项技术性能指标完全符合检测工作的要求。同时还要根据财力情况选择仪器设备，在能保证检验质量的前提下尽量做到勤俭节约。

（二）机构设置

在工业生产中，化验室系统的设置，一般设有中心化验室、车间化验室和班组化验室（岗），构成一个三级检验体系。

1. 中心化验室设置

中心化验室是企业中产品质量检验的核心化验室，它具有强大的人力资源和丰富的物力资源，在这里不仅可以完成所有产品、原料的质量检验工作，而且还可以完成对新方法的研讨、新标准的建立等难度较大的研究性工作。

中心化验室通常包括若干个专业室（组），如标准溶液制备室、计量检查室、环保监测室、原料室、成品室、技术室、设备室、标准样品制备室等，每个室都有其各自的工作范围。中心化验室直接受分析车间主任领导。

2. 中控化验室设置

所谓中控化验室是指设置在生产车间或班组中的化验室，其作用是监控生产过程中的中间产品、半成品和成品的质量，以便随时掌握这些中间产品的质量变化情况并将分析结果及时向车间负责人通报，保证工艺过程正常运行，确保产品质量达到标准。该化验室由车间化验室主任直接领导，并直接由化验室班长负责完成各控制指标的检测任务。

3. 化验室组织机构

化验室组织机构根据企业规模和企业目标不同，可有多种形式。常见的化验室组织机构如图 2-2 所示，图中每个机构都应有一套工作人员（可兼职）各司其职。

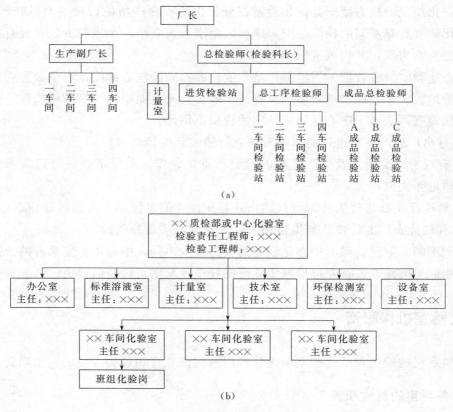

图 2-2 化验室组织机构

三、化验室的地位与权力范围

1. 化验室的地位和隶属关系

（1）化验室的地位 企业的化验室作为企业产品的质检机构，具有法律地位。这种法律地位是其他部门所不能替代的。在检验工作中，中心化验室应具有独立开展业务的权力，不受任何行政干预，在组织机构、管理制度等方面相对独立。化验室在开展业务时应严格遵守企业的《质量手册》，坚持实事求是的原则，科学、公正地完成每一项检测工作。

（2）化验室的隶属关系　企业的中心化验室隶属于企业的二级机构，是从事产品、原料分析检验、三废检测或方法研究、技术开发等的试验或科研实体。化验室应配备能满足检验项目的仪器设备，以及具有能满足检验工作需要的场所设施和环境条件，并根据所承担的任务积极开展科学试验工作，努力提高试验技术，完善技术条件和工作环境，以保证高效率、高水平地完成各项任务，维护化验室质检机构的合法权益。

2. 化验室的权力范围

所谓化验室的权力范围是指化验室在分析检验程序中所能行使的有效权限范围。不同的化验室具有不同的权限范围，即权限范围有大有小，承担的责任有轻有重。现以中心化验室为例，其权限范围如下。

中心化验室（品管部、质检部）是企业产品检验的核心部门，它负责企业产品的全面质量检验工作，所出具的结果具有法律效力，是企业中的一级质检机构，企业中的其他化验室都隶属于中心化验室。它的权限范围是：

① 对出厂的产品和进厂的原料有独立行使监督检验的权力；

② 有权对产品质量及生产过程的检验、质量管理、质量事故进行监督考核，有权行使质量否决权；

③ 对违反质量法规的行为有权制止并对所涉及的单位和个人提出处理意见；

④ 有权代表厂方处理质量拒付和争议以及厂内质量仲裁。

由于不同企业所委派给中心化验室的权力范围不同，中心化验室具有的权限范围也不尽相同。因此，各企业可根据实际情况授予化验室可行使的权力。

四、化验室机构职责

化验室机构职责包括化验室系统各部门的岗位职责和各类人员的岗位职责。

1. 各科室的岗位职责

（1）中心化验室（质检科）职责　全面负责质量管理、领导计量管理工作；进厂原料和出厂产品的质量监督检验工作、生产过程中的控制分析以及环境保护、工业卫生的监督检验工作；制订本厂产品质量计划和本科工作目标、检验报告的编制审核、审查各项检验规程；质量事故的处理及投诉的受理调查工作；参与新的检测方法开发、标准的制订工作；负责仪器设备的使用、维护、管理工作；标准溶液的制备、标定工作；本科的安全、卫生工作；样品的收发、保管和检后处理；计划和采购仪器设备和检验消耗品工作；负责检验人员培训与考核工作；完成领导布置的其他工作。

（2）办公室职责　负责检验业务的计划、调度、综合协调工作；财务管理，编制财务计划；所有质量记录档案及文件管理工作；统一对外行文、印章管理及后勤工作；日常信函接发及外来人员接待工作；安全、保卫、卫生保健等其他日常行政管理工作；办公用品、水电、车辆等的使用管理和日常维修；完成领导布置的其他工作。

2. 负责人的岗位职责

（1）分析车间主任职责　在主管厂长（副厂长）的领导下，本岗位负责车间的全面工作。执行并落实上级下达的各项任务，高质量、高效率地完成厂安排的各项工作。

（2）检验责任工程师职责　本岗位负责车间的安全管理、技术管理、设备管理、计量器具管理、体系认证、班组经济核算、分析仪器维修、职工教育、材料计划、标准制订（或修订）、标准资料检索、分析方法研究、配合生产装置改造完成各项分析任务；负责员工安全教育、安全考核、日常安全活动；协助主任搞好安全监督检查、制订安全制度应急预案、查找不安全因素及其整改工作；监督检查各种仪器、设备、灭火器材、防护用具、消防设施是否符合要求；协助主任搞好安全竞赛、安全检查评比、安全论文及安全总结工作；检查标准执行情况、各化验室分析出现异常情况的处理；负责建立车间固定资产台账、大型分析仪器档案及操作规程、按体系要求的各种记录；编制仪器采购、更新、报废报告；定期对车间设备完好状况进行检查；编制计量器具校正计划。

（3）检验工程师职责　本岗位负责"运行班"的技术业务工作。包括各种原始分析记录、台账、报表、分析传递票的记录工作；异常分析结果处理工作；班组经济核算工作；协助主任做好绩效考核工作；负责本班的技术业务工作；负责各种记录、报表、台账的准确性及规范记录等；负责检查操作人员操作技能、标准执行情况、分析结果准确性等工作；负责计量器具的校正工作，仪器破损应及时制订追加校正计划，保证数据的准确性；负责合理化建议、攻关项目的上报工作。

（4）办公室负责人职责　本岗位负责办公室的全面工作，组织和实施检验业务和行政管理工作；检查工作人员对质量体系和各项规章制度的贯彻执行情况；负责文件、信函、报表的收发登记归档工作；负责办公用品的保管与发放；负责其他后勤保障工作及外来人员的接待工作。

（5）分析班长（组长）职责　在主任领导下，本岗位负责班组的日常管理工作，负责传达、布置、完成车间的各项工作，保证车间总体工作的完成；了解员工的思想动向，及时向相关领导反映情况；负责分析材料的领用、使用、管理工作，避免浪费；严格执行考勤管理规定；制止违章操作及违反劳动纪律现象的发生；对新员工、转岗员工、休假复工员工进行三级安全教育；组织班组的安全学习；负责班组经济核算工作，保证本班组实验检验费不超支；按厂要求的文明生产考核细则，组织班组员工打扫卫生；对绩效考核结果负责；根据工作需要合理调配人员，提高工作效率。

3. 工作人员职责

（1）**检验人员职责** 具有上岗合格证，熟悉检验专业知识；掌握采取样品的性质，熟悉采样方法，会使用采样方法；掌握分析所用各种标准溶液的配制、储存、发放程序；掌握动火分析方法、指标、采样时间、样品保留等必备知识；掌握控制分析、产品分析、原料分析方法以及控制指标、结果判定；掌握包装物检查管理规定、计量校准规程及重量计算方法；认真填写原始记录、检验报告，能够独立解决工作中的一般技术问题；严格按程序和实施细则进行取样，按操作规程使用仪器设备，对所使用的仪器设备做到按要求定期保养，使用后及时填写使用情况记录；努力钻研业务，参加各项培训和学术交流，积极参加比对试验，不断提高检验水平；检验工作要做到安全、文明、卫生、规格化；做好安全保密工作，遵章守纪，积极认真完成各项检验工作。

（2）**质量监督员职责** 协助检验责任工程师对本系统的检验工作质量进行监督把关；认真检查和核实检验用技术标准、文件的有效性和使用执行是否正确以及环境条件和仪器设备是否符合规定要求；检查检验是否按规定程序进行；检查检验报告填写是否符合要求规定；监督检查各项规章制度及工作人员遵章守则情况，有权制止一切未经批准的方针、政策或手册规定的偏离，并及时向上级部门反映。

（3）**计量管理员职责** 认真学习和执行有关计量技术法规及计量器具检定规程；按规定对应检的仪器、计量器具送计量检定部门检定，并贴好检定标识，以保证计量器具处于良好的技术状态；将计量器具的检定结果、记录资料归档；制订计量检定计划，定期检查各计量器具的使用情况，有权制止使用未检、检定不合格或超出检定周期的计量器具，有权制止使用发生故障、精度下降及不正常的计量器具，并将有关情况及时向上级报告。

（4）**设备管理员职责** 负责仪器设备的维修，确保运行正常；编制仪器设备的使用、维护、鉴定的操作规程和管理标准以及仪器设备的订购计划；建立健全技术档案和基础资账；负责仪器设备的登记、清查管理及仪器设备的选购、领取使用、迁移更新、报废管理工作；负责在用仪器设备临时故障的处理，保障检验工作正常进行；监督检查仪器设备的维护和保养情况；组织对检验人员使用仪器设备的技术培训；负责新仪器设备的开机与调试以及备品备件的选购和加工工作；提出仪器的计量检定计划和检修年度计划。

（5）**资料管理员职责** 根据本系统对中文档案要求，负责对文件、资料分类登记、造册并及时立卷归档，做好原始记录、检验报告和技术文件等质量记录立卷归档工作；负责资料、标准的订购、发放与保管；负责对企业有关技术标准和分析方法的咨询工作；严格执行资料保密制度。

（6）**样品管理员职责** 负责样品的保管和处理等工作，对样品的完好性负责。在保管过程中，首先保持好样品环境卫生，对待检样品及已检样品要分类存放，妥善保管，保持样品的原始性和完善性，未经主要负责人同意不得任意动用样品以及转借他人。在样品的领取过程中，应在样品编号之后，方可以办理领用手续，并负责已检样品回收工作。样品保存期一般为 3 个月，对已检样品在超过保存期时要妥善进行处理。

（7）记录报告审核员职责　　对检验数据、检验报告认真核对，发现错误及时向有关人员提出，而对未发现数据运算错误的情况审核员负具体责任，对审核中的问题及时向质量负责人提出纠正措施及建议，严格遵守有关规定，坚持原则，严谨细致实事求是，并对涉及的数据保密。

（8）标准溶液制备员职责　　按标准溶液制备要求进行基准试剂的选择，严格按GB/T 601—2016 等国家标准的规定配制标准溶液和试剂；进行标准溶液的标定时，做到操作规范、标定结果准确可靠，并做好标定记录；标准溶液标签填写项目齐全、字迹工整；标准溶液的储存应符合有关保管规定的要求；配制标准溶液用的水应符合GB/T 6682—2008 的规定；负责标准溶液的供应和回收，保持好制备室的环境卫生。

4. 不同层次人员的技术职责

（1）技术员职责　　了解本专业的技术规定及方针、政策和管理办法；掌握本专业的基础知识和操作技能，分担辅助性业务技术工作；出具原始检验数据，具有数据处理和编制检验报告的能力，并对准确性负责；能够对所使用的检验仪器进行日常的维护及保管工作。

（2）助理工程师职责　　熟悉本专业有关规章制度、管理办法及有关方针政策；比较全面地掌握本部门各项实验的原则和仪器设备的工作原理、各项操作以及调试技能；掌握部分仪器设备的故障诊断和维修技能，负责解决本专业的一般性技术问题；担任检验组负责人，组织管理本部门一个方面的工作，拟定有关管理制度和运行程序，提出开展工作的建议；指导技术员从事测试工作出具检验数据，并对数据正确性负责；做好分管范围内测试仪器的使用、维护和保管工作。

（3）工程师职责　　制订分管测试工作的计划及实施方案；解决本专业较复杂的业务、技术问题；独立承担先进设备的技术消化工作并编写使用手册；拟定大型设备运行管理规程、人员培训大纲等工作；担任项目研究的负责人；参加或具体负责技术成果的技术评议工作，承担本部门的技术开发工作；编制和审核检验报告；组织和指导初级技术人员的工作和学习；对分管范围内的一般测试仪器的购置、使用和处理负技术、经济责任。

（4）高级工程师职责　　掌握国内外与本部门实验相关的科技动态和最新理论，为本部门提供学术和技术指导；主持或指导制订重大技术工作计划及实施方案；负责拟定审核重要的技术文件；解决检验过程中复杂、重要和难度大的技术问题；负责对质量监督检验的综合判定；组织和指导新的测试方法研究和测试实验装备的研制工作，主持精密仪器和大型设备系统配备方案总体设计、可行性论证，承担大型精密贵重仪器设备有关技术指标的鉴定及其功能的开发；利用工作指导中级、初级技术人员的工作；参加或负责技术成果的评议工作；对分管范围内的精密贵重仪器的购置、使用和处理负技术、经济责任。

五、权力的委派

在任何企业或部门中，权力的分布和委派都是一个十分重要的环节。如果此环节处理得妥当，就有利于企业或部门目标的实现；否则会减缓甚至阻碍目标的实现。

（一）权力与职权

1．基本概念

所谓权力是为了达到组织的目标，人们直接或间接地通过他人的行动而进行活动的权利。从另一个角度看，权力则是一种授予行为，即某人有某种权力是因为有人给了他这权力或有人愿意接受他的领导。对一个企业或部门而言，即可把权力看作是企业或部门正式赋予管理者的权力。如公司中部门经理的权力来自总经理，总经理的权力来自董事会，董事会的权力来自股东。

在实际工作中，正是有了这种权力的授予和运用，才能够理顺企业内部的各种复杂关系，使得企业利益和权益受到保护，最终达到企业的既定方针和目标。

职权是指管理职位所固有的发布命令和希望命令得到执行的一种权力。不同的管理职位具有不同的权限范围。如技术负责人和设备管理员，其职位不同，所辖权限范围也就不同所以，职权与企业内的一定职位有关。

2．职权的形式

职权的形式有直线职权、参谋职权和职能职权 3 种。

直线职权是直线人员所拥有的包括发布命令及执行决策等的权力，即指挥权。每一管理层的主管人员都具有这种职权。但是，处于不同管理层次上的主管人员职权的大小及范围是不同的。如厂长、分析车间主任、各化验室班组长等。直线职权是从组织上层到下层的主管人员之间形成的一条权力线，这条权力线常被称为指挥链或指挥系统。在这条权力线中，职权的指向是由上而下。由于在这条指挥链上存在着不同管理层次的直线职权，故指挥链又叫作层次链。它像金字塔一样通过指挥的信息传递，由上而下或由下而上地进行。所以，指挥链既是权力线，又是信息通道。

参谋职权是参谋人员或参谋机构所拥有的辅助性职权，包括向直线主管人员提供咨询服务、建议等权力。其主要任务是协助直线主管进行工作。

职能职权是指参谋人员或某部门的主管人员所拥有的原属直线主管的那部分权力。即主管人员为了改善和提高管理效率，把一部分本属于自己的直线职权授予参谋人员或某个部门的主管人员行使。因此，职能职权是由直线职权派生的限于特定职能范围内的直线权力。如分析车间主任以及办公室主任等，他们除了拥有对下属的直线职权外，还拥有主要负责人所赋予的特定权力，可在其职能范围内对其他部门及其下属发号施令。

（二）权力的委派

权力的委派，也称为授权。所谓授权是指上级授给下属一定的权力，使下属在一定的监督下和权限范围内，有其自主权和行动权，权力委派的最终目的是高水平、高质量地完成企业质量方针和目标。

1. 授权过程

完成授权过程的第一步，首先是职责的分配。因为每位在岗企业成员都应承担一定的职责，这个职责来自企业目标和组织结构，是客观条件所赋予每位成员的工作任务和应尽责任，如管理人员职责、执行人员职责和核查人员职责等。在明确了职责和任务之后，第二步就要进行权力的授予，即给予被授权人相应的权力，如有权调阅所需资料、有权调配有关人员等。进行授权过程的第三步，就是要明确责任。当被授权者拥有了相应权力时，就有责任去履行所分派的工作任务和正确地运用所委派的权力，也应为完成所分派的工作尽职尽责，恪尽职守，而且不滥用权力，在工作中向授权者承担责任。授权过程的最后一个环节是权力的收回。已授予的权力，只要情况需要就可以收回。例如事实证明被授权者缺乏履行职责的足够能力或者由于企业目标和职责分派发生变化等，都可以将权力收回或重新加以授权。

2. 授权的原则

为了使授权行为起到所期望的效果，实现权力的有效性，授权者在授权之前要灵活掌握以下原则：

首先要明确目标，授权的目的是实现企业目标，而不是其他，这是授权时总的基本原则。此外，授权者在授权时要掌握政策，按相关政策规定的要求授权；否则，任意授权将会导致组织秩序的混乱，后果不堪设想。其次，在授权的同时应明确被授权人的任务、目标及权责范围，做到权责相当，这样不仅使被授权人有权，而且有责，权责分明。再次，虽然授权者可将职责和权力授予下级，但对企业的责任是绝对不能委派的，这是授权者应具有的责任，也就是责任的绝对性。授权者要对整个企业目标的实现负总责任。最后，由于授权者对分派的职责负有最终的责任，因此要慎重选择被授权者。在选择时必须坚持"因事择人，视能授权"，既要根据所要分派的任务来选择具备完成任务所需条件的被授权者，还要根据所选被授权者的实际能力，授予相应的权力和对等的责任。

综上所述，权力的委派充分体现了管理人员与执行人员之间、上级与下级之间、部门与部门之间等的权责关系。正确处理权责关系，有利于组织工作的开展，有利于化验室组织目标的实现，有利于企业的振兴与腾飞。

进度检查

一、填空题

1. 中心化验室应具有独立开展业务的____，不受任何____干预，在组织机构、管理制度等方面____独立。

2. 化验室组织机构的设置应以____为依据，有效地进行____配置、____设备配置，明确组织机构在____中所具有的地位及权力。

3. 化验室规模，要从实际出发，____规划，____设置，要做到____、仪器设备、____与____协调发展。

4. 认可的化验室应____能满足检验项目的仪器设备，以及具有能满足____需要的场所设施和环境条件。

5. 资源包括两大类，一类是____，另一类是____。

6. 化验室人员配置需要考虑的 3 个方面内容是____、____和____。

7. 化验室系统一般设置____、____和____，构成一个三级检验体系。

8. 中控化验室是指设置在____或____的化验室。

9. 化验室权力范围是指____。

10. 权力是为了达到____，人们直接或间接地通过他人的行为而进行____的权利。

11. 职权是指管理职位____的一种权力。

二、判断题

1. 企业的化验室作为企业产品的质检机构，具有法律地位。 （　　）

2. 化验室系统一般设有中心化验室、车间化验室和班组化验室（岗），构成一个三级检验体系。 （　　）

3. 化验室规模的大小应根据企事业组织的目标进行设计和规划。 （　　）

4. 中控化验室是指设置在生产车间或班组中的化验室。 （　　）

5. 化验室人员配置应依据企业的组织目标要求进行合理配置。 （　　）

6. 化验室仪器设备的配置主要根据所承担的检验任务及性质来进行。 （　　）

7. 化验室组织机构可根据企业规模和企业目标的不同有多种形式。 （　　）

8. 中控化验室的作用是为了监控生产过程中的中间产品、半成品和成品的质量。 （　　）

9. 质检机构在检验工作中，不受任何行政干预。 （　　）

10. 化验室机构职责包括岗位职责和人员岗位职责两部分。 （　　）

11. 授权是指上级委派给下级的权力。 （　　）

三、简答题

1. 检验人员的主要职责有哪些？

2. 检验责任工程师岗位的职责有哪些？

3. 中心化验室设置的化验室有哪些？

4. 化验室应具有哪些权力？举例说明。

5. 阐述办公室职责的内容。

6. 阐述检验工程师职责的内容。

7. 质量监督员应具有何种职责？

8. 阐述计量管理员的职责是什么？

9. 授权过程包括哪几个步骤？为什么？

10. 授权应掌握哪些原则？

学习单元 2-5 化验室检验系统的构建

学习目标： 完成本单元的学习之后，能够对化验室检验系统的构建与管理有所
掌握。

职业领域： 化工、石油、环保、医药、冶金、汽车、食品、建材等工程。

工作范围： 分析检验。

一、化验室检验系统人力资源的构建与管理

人力资源管理是 21 世纪管理学的核心，特别是中国管理学的核心，所以现代管理学非常强调对人力资源的管理。要进行人力资源的管理，首先应对人力资源的含义、特点有一些基本的了解。

人力资源也称劳动力资源、劳动资源、人类资源，是存在于人体中的经济资源，用以反映一个国家或地区或单位劳动者所具有的劳动能力。人力资源具有物质性、可用性和有限性。所谓物质性是指人的劳动能力以体力和智力的形式存在于人体之中，依附于人体而存在；可用性是指作为生产要素投入的劳动力，会产生作为生产成果的更多的社会财富；有限性是指劳动力具有质和量的规定性，只能在一定的条件下形成，以一定的规模利用。人力资源和其他经济资源具有同样的性质，因此也服从同样的经济运行规律。这就是人力资源的概括含义。

人力资源的特点体现在它的能动性、再生性和相对性上。劳动能力被看成经济资源，存在于作为生产主体的劳动者身上，依劳动者的主观意志而发挥，所以具有能动性；人的劳动能力在社会再生产过程中不断地被使用，同时又不断地得到再生，所以具有再生性；相对性是指人的一生中只能在相对的时间段即青壮年阶段进入人力资源范畴。人力资源的特点集中表现在总人口以部分人口的劳动能力为经济资源，通过劳动来实现自身的生存发展。

人力与物力的不同结合方式是资源要素的不同配置方式，研究配置现状和规律，寻找人力资源利用的有效途径，是管理学不断追求的目标。在化验室检验系统人力资源的构建中，应根据系统的目标和任务，把握好人力资源的组成和结构；遵循效率原则，科学合理地设置人员编制和结构；力求减少管理层次，精简管理人员，并随承担的任务变化而变动，以保证整体工作效率。在化验室检验系统人力资源管理中，要抓住"人"这个关键，确定"人是决定因素、事在人为、以人为本、促进化验室检验系统员工全面发展"的观念；建立激励机制，在适当的时候把合适的人员安排在合适的

位置上，以最大限度地提高效益为准则，充分调动各类人员的积极性；高度重视员工培训，建立高素质的人才队伍；创造人人参与管理的氛围。

（一）化验室检验系统人力资源的构建

1. 化验室检验系统人力资源的组成

检验系统中的各类人员在相应组织机构和管理人员的组织领导下，进行分析检验的技术和管理工作，完成其系统的目标和任务。检验系统的运作主要包括分析检验具体技术工作、研究性工作、管理工作和其他辅助性工作。所以，化验室检验系统人力资源的组成主要包括从事检验工作的技术人员和研究人员、检验系统的管理人员、其他的辅助人员等。

2. 化验室检验系统人力资源的结构

（1）专业（学科）结构　随着科学技术的发展和企业的技术进步，化验室分析检验系统的分析检验技术和技术装备也在不断地更新和发展。现代化验室分析检验系统的任务已不仅仅局限于确定试样中"有什么"和"有多少"，还将通过捕捉、识别和研究试样中原子、分子的种类、数量、结构以及结合状态等各种信息，为工农业生产和科学研究提供服务。特别是随着化学计量学和过程分析化学的发展，出现了大量学科间的相互交叉和渗透。何为化学计量学和过程分析化学？化学计量学是应用数学与统计学方法，以计算机为工具，设计或选择最优的分析检验方法和最佳的测试条件，并通过解析有限的分析检验数据，获取最大强度的化学信息的学科；而过程分析化学则是以化学计量学为基础，化学、化学工程、电子工程、工艺工程和计算机自动控制等多学科相互交叉和渗透所形成的学科，它通过各种现代分析仪器，实现现场工艺流程质量控制的分析检验，摆脱了传统的离线分析检验。由此可见，化验室检验系统人力资源应包含多个专业（学科）的人员，且必须按其承担的任务和检验系统技术装备的水平，构成合理的专业（学科）结构。

（2）技术职务（技能等级）结构　表示化验室检验系统人力资源中具有高级、中级和初级技术职务（技能等级）人员的比例。根据实验室管理学的能级原理，化验室检验系统中人员的职务（技能等级）比例，应保证结构的稳定性和有效性，所以，要依据化验室检验系统的目标和任务、规模和技术装备状况，确定高级、中级和初级技术职务（技能等级）人员的比例，形成一个完整的结构，并随着科学技术的发展和化验室检验系统目标任务、规模及技术装备状况的变化，不断地进行调整，使系统中的人力资源各尽其职、各显所能、相互配合，构成一个动态平衡的有机集合体。

（3）年龄结构　表示化验室检验系统人力资源中老年、中年和青年的比例，应构成一个合理的比例梯队，并处于不断发展的动态平衡之中，即有计划地安排大龄人员退出人力资源范畴，配备和培养青年接班，以保证化验室检验系统工作的延续性。一个检验系统的人力资源有了合理的年龄结构，就能按照人的心理特征、智力水平发挥其各自的最优效能。

（二）化验室检验系统人力资源管理的内容

人力资源管理是指对人力资源的取得、开发、保持和利用等方面所进行的计划、组织指挥、控制和协调的活动。即通过不断地获取人力资源，把得到的人力资源整合到化验室检验系统中，保持、激励、培养他们对组织的忠诚度、积极性并提高绩效。由于人力资源管理者面对的直接管理对象是最重要、最复杂和最活跃的人，显然不同于设备管理、技术管理等其他检验系统相关的管理工作者。因此，作为化验室的负责人，需要具备人力资源管理的素质和能力，知道人力资源管理的常规内容，学会人力资源管理的基本方法。化验室检验系统人力资源管理的内容重点是要求各类人员的结构合理、岗位职责明确，建立完整有效的激励竞争机制和流动机制，增强各类人员的竞争意识和竞争能力，充分调动其工作积极性、主动性和创造性，使化验室检验系统人力资源素质得到不断的提高。

1. 定编、定岗位职责、定结构比例

（1）定编　应遵循效率原则并根据化验室检验系统的实际工作岗位、目标及任务、化验室的发展和技术进步等确定各专业（学科）、技术职务（技能等级）、年龄阶段人员的编制且注意固定编制与流动编制相结合、各类人员数量和结构的合理性。

（2）定岗位职责　这里的岗位职责指的是化验室检验系统中从事管理和检验工作的员工的岗位职责，也就是具体工作岗位要执行的工作任务。注意根据工作的性质，采取定岗不定人的原则，使之与流动编制相适应。定岗位职责是实行岗位责任制的基础，是人力资源管理科学化的重要措施，是检查和考核岗位人员工作质量、工作效率的主要依据。

（3）定结构比例　在定编和定岗位职责的基础上，确定高级、中级和初级技术职务（技能等级）人员的合理结构比例，明确岗位分类职责，根据职务（技能等级）余缺情况，进行人员流动和逐年考核晋级，逐步到位。

2. 岗位培训

为了提高履行化验室检验系统岗位职责的实际能力，应围绕分析检验的技术要求和管理业务，组织相应的培训，以提高化验室检验系统人员的整体素质。在岗位培训中，应根据化验室检验系统的现状和发展对人员素质的要求，提出培训计划和实施意见；制订岗位培训的有关政策、规章、制度以及主要岗位的规范化指导性意见；分级建立岗位培训考核机构，对培训人员进行考核。对培训的考核结果，应记入个人技术档案，作为聘任和晋级的依据。

3. 考核晋级

（1）考核内容　按工作的性质和技术职务（职能等级）的特点，以岗位职责为依

据，对化验室检验系统各类人员的思想素质、工作态度、业务能力、工作业绩等方面进行考核。

（2）考核标准　制订规范性的考核指标，将履行岗位职责、完成工作数量与质量以及取得的业绩统一评价。

（3）考核方法　组织考核与群众评议相结合，定性总结评比与定量评比（完成工作量）相结合，一般每年进行一次，先由个人总结，填写考核登记表，然后由化验室主任组织本室人员进行评议，写出考核评语，报上一级考评组织，经审核后存入档案备查。

4. 职务（技能等级）评聘

职务（技能等级）评聘是指职务（技能等级）资格评定和职务（技能等级）聘用。

（1）职务（技能等级）资格评定　职务（技能等级）资格的评定分为工程技术系列和职业（岗位）技能系列。工程技术系列职务资格评定由本人申请，化验室主任组织有关人员评议，决定是否向上一级组织推荐，最终由专门的评定机构进行评定；职业（岗位）技能系列技能等级的评定，则是由劳动部门设置的职业技能鉴定中心（站）进行培训、鉴定和颁证。

（2）职务（技能等级）聘用　根据设置的工作岗位、岗位职责和工作目标及任务，来决定聘用高级、中级和初级职务（技能等级）的人员。

在化验室检验系统的人力资源中，主要是一线的分析检验人员，因此，职务（技能等级）评聘，应以评聘职业（岗位）技能系列为主，根据实际岗位需要评聘一部分工程技术系列职务。

（三）化验室检验系统人力资源管理的方法

1. 加强思想政治教育工作

主要可开展以下几方面的教育。

（1）与时俱进教育　促进化验室检验系统各类人员的整体素质跟上时代发展的步伐。

（2）公民道德教育　促进化验室检验系统各类人员的道德水准整体得到不断提高。

（3）职业道德教育　使化验室检验系统各类人员增强事业心和责任感，把好产品的质量关。

（4）爱岗敬业教育　使化验室检验系统各类人员热爱企业、热爱自己的工作岗位、艰苦创业、勇于创新、增强团队精神、提高与人合作能力、为企业的发展尽职尽责。

2. 实行严格的聘任制

聘任制是指对所需人员实行招聘和任用的制度。聘任制有利于培养、发现人才和企业所需人才的及时补充，是一种新兴的人力资源管理方法，充分体现了当今管理学的用人原则。为实行严格的聘任制，应做好以下工作。

（1）制订岗位规划，建立岗位规范，根据化验室检验系统的目标及任务、现有岗位、化验室的发展和技术进步等制订出未来一段时间的岗位规划、岗位职责和任职条件等。

（2）建立人力资源流动机制，制订引进急需人才的措施和办法。

（3）配合岗位责任制，制订并实施人员考核办法和考核制度，定期考核，并根据考核结果实行奖惩和聘任。

（4）重点抓好化验室主任的聘任。不同级别的化验室，对主任的要求不同，一般应由具有中级以上技术职务、事业心强并具有组织领导能力的人担任。

3. 技术职务评定工作经常化、制度化

积极鼓励技术人员认真学习，提高自身的业务水平和技术能力，积极为技术人员创造提高学术水平、计算机应用能力、外语水平、岗位职业技能等方面的外部环境。对条件成熟的技术人员，应积极向技术职务评定专业机构或职业技能鉴定机构推荐，让他们的努力尽早得到社会的认可和回报，同时，也会产生相应的激励作用。

4. 设立技术成果奖

为调动技术人员的积极性和创造性，在化验室检验系统设立技术成果奖是非常必要和有意义的。一方面能调动技术人员的工作积极性和创造性，提高其自身的业务水平和技术能力，为检验系统目标和任务的完成奠定良好的人力资源和技术基础。另一方面，也是对其工作积极性和创造性的肯定和鼓励，也会对其他人员产生激励作用，有利于检验系统人员整体素质的提高。

二、化验室仪器设备和材料管理

化验室仪器设备和材料是化验室检验系统的要素之一。仪器设备和材料的优劣，是反映检验系统分析检验能力高低的重要因素，同时，也直接关系到能否实现检验系统的任务和目标。对化验室仪器设备和材料的管理，应使仪器设备的型号和性能、材料的质量达到分析检验方法或分析检验规程的要求；保证仪器设备的正常运行；促进各类仪器设备相互弥补、协同工作，发挥其最大的使用潜能；以最小的投入和运行成本，实现化验室检验系统的任务和目标。

（一）仪器设备管理的范围和任务

1. 仪器设备管理的范围

根据仪器设备的单价，把化验室仪器设备分为低值仪器设备、一般仪器设备和大

型精密仪器产品设备。在仪器设备管理中，重点是加强耐用期一年以上且非易损的一般仪器设备和大型精密仪器设备的管理，对这些仪器设备，不管它们的来源如何，都应列为固定资产进行专项管理。

2. 仪器设备管理的任务

化验室仪器设备管理的任务是确保化验室分析检验工作、技术改造工作和新产品试验等工作对仪器设备的需要。所以，从仪器设备的购置、验收、使用、维修直至报废的整个过程中，应加强仪器设备的计划、日常事务、技术、使用和经济等方面的管理工作，最大限度地发挥仪器设备的使用价值和投资效益。

（二）仪器设备计划管理

1. 仪器设备购置计划的编制

（1）编制仪器设备购置计划的依据　生产中控分析和产品质量检验所必需的分析测试仪器；技术改造和产品开发等科研工作必需的仪器设备；企业生产发展和技术进步所需要更新换代的仪器设备等。

（2）经常性购置计划和年度购置计划　由于化验室的仪器设备因使用性能逐渐降低而不能满足需要或突然损坏，需及时地补充备用仪器设备，所以要编制仪器设备经常性购置计划；考虑化验室分析检验系统整体可持续发展，应编制仪器设备年度购置计划。

2. 仪器设备的申购、选型、论证和审批

（1）仪器设备的申购、选型、论证　根据化验室检验系统有关专业工作室分析检验工作或其他工作的需要，由专业工作室负责人提出仪器设备申购计划，并按工作上适用、技术先进、经济上合理的原则做好正确的选型和可行性论证。工作上适用是指选购的仪器设备能满足分析检验任务的需要；技术上先进是指仪器设备的技术性能和精度满足或超过要求且稳定、可靠、耐用；经济上合理是指仪器设备的购置费和日常运行费用比较合理。特别要指出的是，购置大型精密仪器设备，必须组织有关专家和同行进行专门的可行性论证。

（2）仪器设备申购计划的审批　一般仪器设备的申购计划经化验室主任签署意见后，由企业分管负责人审核批准。大型精密仪器设备的申购计划除企业分管负责人审核同意外，还要请有关专家和同行进行可行性论证，提出评审论证意见，由企业负责人审批。

3. 仪器设备申购计划的实施

根据批准的仪器设备申购计划，由企业的供应部门或化验室（对小企业而言）制订采购实施计划。如无特殊规定，均进入市场进行采购。

（三）仪器设备的日常事务管理

1. 仪器设备的账卡建立和定期检查核对

凡是列入固定资产的仪器设备，按国家和企业有关规定，进行分类、编号、登记、入账和建卡，卡片一式三份，其中企业设备管理部门一份，化验室一份，一份随仪器设备存下级化验室或专业室。

企业财务部门建立固定资产分类总账，企业设备管理部门建立仪器设备进出的流水账、分类明细账和分户明细账。企业财务部门与企业设备管理部门定期核对，至少半年一次，应做到账账相符；企业设备管理部门与化验室、下级化验室或专业室也应定期核对，至少每年一次，应做到账、物、卡三相符。

化验室应对属于固定资产的仪器设备进行计算机管理，以便于更好地进行检索、核对、报废和赔偿等管理工作。

2. 仪器设备的保管和使用

单位应选派职业道德素质高、责任心强、工作认真负责，并具有较强业务能力的人员专职或兼职负责仪器设备的保管工作。对大型精密仪器设备的管理和使用，必须建立岗位责任制，制订操作规程和维护使用办法，对上机人员必须经过技术培训，考核合格后方可使用。

3. 仪器设备的调拨和报废

化验室如有闲置或多余的仪器设备，应予调拨。化验室内部各专业室之间、企业内各部门之间实行无偿调拨；企业之外则实行有偿调拨。仪器设备调拨后应办理固定资产转移和相应的财务处理。仪器设备达到使用技术寿命或经济寿命时，如确已丧失正常效能；或技术落后、能耗较大；或损坏严重无法修复，有的虽能修复，但修理费用超过新购价格的50%，都应做报废处理。一般仪器设备的报废，由企业设备管理部门审核同意，大型精密仪器设备报废还需经企业主管领导审批，并报企业上级主管部门批准或备案。报废的仪器设备可以降级使用、拆零部件使用或交企业设备管理部门的回收仓库。同时，应做好变更固定资产价值或销账撤卡工作。

4. 仪器设备损坏、丢失的赔偿处理

仪器设备发生事故造成损坏或丢失时，应组织有关人员查明情况和原因，分清责任，做出相应的处理。

明确赔偿界限。因违反操作规程等主观因素造成的损坏均应赔偿，由于自然损耗等客观原因造成的损失可不赔偿。

确定赔偿的计价原则。损坏或丢失的仪器设备要严格计价赔偿，损坏的仪器设备应按新旧程度合理折旧并扣除残值计算；损坏或丢失零配件的，只计算零配件价格；

局部损坏可修复的，只计算修理费。

在处理此类事件中应贯彻教育为主、赔偿为辅的原则。因责任事故造成仪器设备损失的，应责令相关人员认真检查，并按损失价值大小、造成事故的原因和认识态度给予适当的批评教育和经济赔偿。损失重大、后果严重、认识态度恶劣的，除责令赔偿外，还应给予行政处分甚至追究刑事责任。

（四）仪器设备的技术管理

1. 仪器设备的验收

仪器设备的验收重点在于对仪器设备质量的确认，此项工作一般是由仪器设备管理部门、使用单位和供货方的人员共同承担，主要从实物和技术性能两方面进行验收。进行实物验收时，首先除去外包装，检查仪器设备的外观是否完好无损，生产企业、颜色、型号、规格、元配件和数量等是否与合同约定的一致；进行技术性能验收是将仪器设备安装调试好后，检验其技术指标是否与说明书标注的相符，对分析测试仪器设备还需用标准样品和样品进行测试，从而确定仪器设备的技术性能和精度是否稳定、可靠且符合合同要求，对进口仪器设备，还需增验进口许可证、免税批件和商检报告等。验收时应做好详细记录，提交验收工作报告，经各方签字认可后作为技术档案保存。验收工作中凡是发现仪器设备存在与合同约定不相符或破损短缺的情况，应及时查明原因，办理有关手续，进行退、换、补或索赔。对验收合格的仪器设备，进行编号、入账和建卡。

2. 仪器设备的维护保养和修理

仪器设备使用过程中，由于外界因素和仪器设备自身等多种原因，必然会导致仪器设备的技术性能发生一定程度的变化，甚至诱发故障或事故。因此，及时地发现和排除故障或事故隐患，确保仪器设备正常运行显得尤为重要。在仪器设备的管理中，对仪器设备进行必须和合理的维护保养是实现仪器设备正常运行最有效的途径。

为了做好仪器设备的维护保养工作，应根据仪器设备各自的特点制订维护保养细则；严格做到维护保养工作经常化、制度化；坚持实行"三防四定"——"防尘、防潮、防振"和"定人保管、定点存放、定期维护和定期检修"，将此工作纳入责任制管理范畴，从而使仪器设备整洁、润滑、能安全运行、性能稳定达标。

仪器设备的修理也是仪器设备的管理中不可缺少的工作，仪器设备的修理可分为事后修理和事前检修。当某一仪器设备出现故障而不能运行时，维修人员对其进行故障原因的检查、修理或更换受损的零部件，必要的调试等，使该仪器设备恢复到正常运行状态。由于是出现故障后进行的修理，所以称为事后修理。事后修理因事先始料不及，可能使修理时间较长，对分析检验工作和生产都会带来影响，因此，必须及时进行。应创造条件建立化验室仪器设备维修站（点），培养仪器设备修理人员以承担化验室整个检验系统仪器设备的修理任务。化验室维修站（点）无法维修的仪器设备，应送相关厂商设置的产品维修网点进行维修。

3. 仪器设备性能的技术鉴定和校验

仪器设备性能的定期技术鉴定和校验，是合理地使用仪器设备、保证分析检验结果的准确性和可靠性所必须进行的工作。对化验室的分析测试仪器设备进行技术鉴定和校验工作，应指定专人负责管理。在仪器设备的使用过程中，如发现异常的现象，应立即停止使用并对其性能进行技术鉴定和校验，以此确定该仪器设备是保级使用还是降级使用或者是淘汰。与分析测试有关的计量器具，在实际使用过程中，必须按规定期限进行计量检定，以确保其计量值传递的可靠性。对突然出现计量性能变化较大（测试结果可疑）的计量器具，应停止使用，及时送专业检定机构进行计量检定。

（五）仪器设备的经济管理

1. 经济合理地选购和使用仪器设备

中控化验室、中心化验室等不同层次的化验室，由于各自所承担的分析检验任务不同所以在仪器设备的配置上应遵循经济合理的原则，满足其相应的需要，避免大机小用、精机粗用，以达到寿命周期费用低而效率高的目的。

2. 提高仪器设备的投资效益

大型精密仪器设备一般应集中在中心化验室，除中心化验室使用外，还应为其他化验室和需求单位提供有偿服务，实现资源的局部共享。制订有偿服务项目和合理的收费标准，切实开展有偿服务工作，充分提高仪器设备的投资效益。

3. 提高仪器设备的完好率和利用率

（1）仪器设备的完好率和利用率　仪器设备的完好标志是指其性能良好，基本保持出厂指标，零部件齐全，运行正常。仪器设备完好率是指完好的仪器设备台数与在用仪器设备总台数之比率；仪器设备利用率是指仪器设备在一年中的实际使用时间和年额定使用时间之比率。

（2）提高仪器设备的完好率和利用率　合理配置仪器设备的管理和使用人员，通过有效的措施，提高他们的工作积极性和责任感；加强仪器设备的常规管理和技术管理，使仪器设备处于完善可用的状态；合理安排，使仪器设备处于合理的满负荷工作状态；充分保证仪器设备正常运行的基本条件，如水、电、能源的安全输送、仪器设备运行所消耗物品的供应、仪器设备维护费用的保证等。

（六）大型精密仪器设备管理概述

化验室常用的分析检验大型精密仪器设备主要有红外分光光度计、紫外分光光度计、原子吸收分光光度计、气相色谱仪、液相色谱仪、质谱仪、核磁共振波谱仪等。随着科学技术飞速发展，大型精密仪器设备也正沿着综合化、复合型、多功能、灵敏度提高、精密度和准确度提高、性价比提高、对使用环境要求降低的趋势发展。

大型精密仪器设备管理的任务是最有效地做到买好、用好和管好这三方面的工作。通过计划管理、技术管理、经济管理等有效手段，充分利用化验室的人、财、物等资源，最大限度地发挥其使用效率和投资效益，为企业的生产、技术改造、新产品试制等提供切实的保证。

大型精密仪器设备的管理主要分为计划管理、技术管理、经济管理和使用管理考核四个方面。计划管理主要包括大型精密仪器设备购置计划的制订、论证、审批和实施；技术管理主要包括大型精密仪器设备的安装、调试、验收和索赔，建立操作规程，应用状态监测和故障诊断技术实施针对性的维护保养，开发新功能和改造老技术，建立技术档案等；经济管理主要包括大型精密仪器设备的机时定额管理、服务收费管理、利用率考核等；使用管理的考核是指通过建立考核内容与评估指标体系以及考核工作的实施，使仪器设备管理部门对大型精密仪器设备的使用管理状况有全面确切的了解，也使大型精密仪器设备的使用技管人员了解各自的工作成绩与不足，以进一步提高大型精密仪器设备的使用管理水平。

（七）数据处理系统及管理

1. 中小型数据处理系统

（1）数据处理系统的构成　一个可供使用的数据处理系统由其中的硬件和软件两大部分构成。硬件包括由电子线路、元器件和机械部件等组成的具体装置，如运算器、控制器、内存储器、外存储器和输入输出设备五大部分。前三部分合在一起称为计算机的主机或中央处理单元，放在主机房；后两部分被称为外部设备，放在控制室内。软件泛指为了使用计算机所必需的各种程序。

（2）数据处理系统（电子计算机）各构成部分的作用

① 输入器：利用光电管照在穿孔纸带上，将信息转换成电脉冲输入机器的存储器中每秒钟可产生上千万甚至上亿个电脉冲。

② 存储器：存储原始数据、中间结果、最终结果和计算程序等，有内、外存储器之分。

③ 控制器：指挥计算机协调工作，使按照程序要求，机器各个部分进行连续动作。

④ 运算器：在控制器的指挥下对内存储器里的数据进行运算、加工和处理等。

⑤ 输出器：将计算机内的文档、数据、图片等输出并加以显示。

2. 化验室数据处理系统的基本功能

化验室数据处理系统主要满足化验室管理工作和技术工作的需要，应具备以下基本功能：

① 数据的录入、修改和删除功能。

② 数据的自动检测、运算、统计分析功能。

③ 非数值计算的信息处理功能，统计和检索功能。

④ 打印报表、检测报告和网络传输功能。

⑤ 图形功能和辅助预测、决策功能。

3. 化验室数据处理系统的基本要求

① 适应化验室各项工作的数据组织和处理要求。

② 满足化验室数据处理系统的基本功能。

③ 为用户提供友好操作界面，键盘输入和打印输出灵活方便。

④ 系统运行效率高，有良好的系统扩充能力。

⑤ 具有良好的安全防范能力。

4. 化验室数据处理系统的管理

（1）数据处理系统软硬件的实物管理 数据处理系统软硬件的实物可看成仪器设备或材料，对于数据处理系统软硬件的计划、技术、经济和日常的管理，可按相关类别管理进行。

（2）数据处理系统运行的环境管理 老的数据处理系统对运行的环境要求较高，如计算机房的温度、湿度、洁净度、气流速度、磁场、振动、静电等要求非常严格。而现在的数据处理系统虽然从系统的构成上和老的数据处理系统区别不大，但从实物结构上却发生了较大的变化。所以，现在的数据处理系统大大地降低了其系统的运行环境要求，在管理中比较容易满足。

（3）数据处理系统的安全防范 数据处理系统运行的环境方面，主要应做好防火、防噪、防振、防磁等方面的工作。同时还要做好数据处理系统网络安全防范工作，经常升级计算机病毒防范系统，防止数据处理系统遭到破坏；加强数据处理系统的保密措施，防止他人直接或从网络攻击数据处理系统或盗取数据处理系统内的保密资料。

（八）材料及低值易耗品的管理

化验室检验系统在正常的运行中需要大量消耗各种材料和低值易耗品。材料和低值易耗品与仪器设备相比，具有单价低、品种多的特点。但它们却和仪器设备一样，都是保证化验室检验系统目标任务完成的最基本的物质条件。

1. 材料及低值易耗品的分类

凡一次使用后即消耗或不能复原的物资被称为材料。如黑色金属、有色金属、煤炭和石油产品、木材、水泥、化工原料及化学试剂药品等均属于不同类型的材料。

不够固定资产标准又不属于材料范围的用具设备被称为低值易耗品，它实际代表两个概念：一是低值品，如化验室常用的低值仪器、仪表、工具、量具、仪器设备的通用配件或专用配件；二是易耗品，如化验室常用的各种玻璃仪器和器皿（烧器类：烧杯、锥形瓶、碘量瓶、试管、烧瓶等；量器类：量筒、容量瓶、滴定管、吸量管等；容器类：广口瓶、称量瓶、水样瓶等；加液器和过滤器类：漏斗、抽滤瓶、抽气瓶等；其他玻璃仪器：比色管、洗瓶、吸收管、研钵、搅拌器、标准磨口仪器等）、各种元件、器材（石棉网试纸、滤纸、擦镜纸等）、易损通用零配件或专用零配件、劳动保护用品等。

2. 材料及低值易耗品的定额管理

材料及低值易耗品（以下简称材料）的定额管理，是一项重要且复杂的管理工作。制订材料定额就是依据化验室的实际管理与分析检验工作，运用数学统计等定量的方法找出其消耗相关器材的规律。它是化验室器材科学管理的基础，对化验室材料定额管理和完成化验室的目标任务具有非常重要的作用。

（1）材料定额管理的基本概念　材料的定额，是指其消耗、供应和储备的标准数量。它是在大量深入细致的工作、各种原始资料、摸索规律和调查研究结果的基础上，通过统计、测定和计算等定量的方法加以确定的材料定额，一般分为三种：第一种是材料消耗定额，它是指化验室按规定完成单位工作量所合理消耗材料的标准数量；第二种是材料供应定额，它是指材料消耗定额与附加的非工艺性损耗量（一定条件下，除工艺性消耗外完成单位工作量合理的补贴消耗量）之和；第三种是材料储备定额，它是指为确保化验室工作正常进行所必需的合理的库存材料储备限额。

（2）材料定额管理的作用　通过制订材料定额，能为化验室合理地编制材料计划和经费分配计划提供重要的依据，增强化验室的节支措施，促进化验室管理水平的提高。

化验室在编制材料计划时，如果没有科学合理的材料定额作为依据，就会因没有标准而使计划出现较大的偏差。材料太多，出现库存积压，占用资金，造成浪费。材料太少，直接影响化验室的工作，造成化验室目标任务难以完成。同样，在编制经费分配计划时，如果没有科学合理的材料定额作为依据，就可能出现各项经费分配和使用不合理，甚至还会出现相互争经费的情况，这些对化验室的工作都很不利。有了材料定额，就能严格按材料定额领取、发放和使用材料，加强经济核算和技术管理，恰当地控制材料的使用、供应和储备，达到节约支出的目的。材料定额是衡量化验室器材管理水平的基本标准之一，通过材料定额管理可促进化验室整体管理水平的提高。

（3）制订材料储备定额应考虑的因素　制订材料储备定额，应充分考虑材料的消耗量、供货条件和材料储备天数等因素。

材料的消耗量是指其消耗量的大小、全年的消耗量、平均每天的消耗量；供货条件包括市场供应情况、计划调拨期、整批还是分批交货、外埠采购在途天数等；季节性用料或一次性用料，不列入储备定额，单独给予解决。材料储备定额的计算公式如下：

$$材料储备天数 = 采购间隔天数 + 外埠采购在途天数 + 仓库储备天数$$

$$每种材料的储备资金定额 = \frac{每种材料全年耗用量 \times 单价}{360 \, 天} \times 储备天数$$

$$每类材料的储备资金定额 = \frac{每类材料全年耗用总金额}{360 \, 天} \times 储备天数$$

3. 材料及低值易耗品的仓库管理

为了使化验室的各项工作不间断地进行，储备若干必需的材料是非常必要的。要储备这些材料，就需要建立存储材料的场所，这就是所谓的仓库。仓库是存储和发放材料的场所，也是供需衔接的窗口，仓库管理工作的效率直接关系到化验室分析检验系统工作的成效，也反映出整个化验室管理工作的水平。

（1）仓库管理工作的基本要求　仓库管理工作要做到对所存储的材料严格验收、妥善保管、厉行节约、保证安全；健全和执行相关的规章制度；实施岗位责任制，提供规范合格的服务。严格验收就是指在材料入库验收工作中应严格遵循验收程序和要求，即认真审核各材料单据并进行单据和材料一一核对，要求单据与材料相符；点验材料质量，要求材料的品种、规格、数量无出入，包装完好。对化学试剂类，还要求标签完整、字迹清楚、无泄漏无水湿现象，所呈性状与规定的吻合。总之，必须坚持以单据为主，以单据逐项核对各材料，保证每样材料过目，做好验收记录，尽快办理入库手续，避免出现差错。

妥善保管就是要根据各类材料不同的性质和储存要求，创造较好的仓储环境；建立和执行材料经常性保管和保养工作规范、材料进出库以及材料报废处理等制度；定期进行库存材料的盘点和核对，及时处理出现的问题。

（2）储备定额的制订　储备定额由经常储备定额和保险储备定额所组成。储备定额的制订方法主要有供应期方法和经济订购批量方法。

经常储备定额是指从上一批材料进库开始，到后批材料进库之前的储备量。它是储备中的可变部分，又称周转储备；保险储备定额是指在材料供应中，为防止因运输停滞、交货期延误、材料质量不合要求等原因造成材料来源不济而建立的供若干任务需要的储备量。它是储备中的不变部分，又称为固定储备。凡是货源充裕、容易补充、对化验室工作无关紧要和可用代用品解决的材料，不必建立保险储备。仓库储备都是从进货一天的最大量到最小量的变化过程，其最高储备量应等于经常储备量加保险储备量。在正常供应条件下，当经常储备量接近用完时，恰好是库存的最低储备量，当有保险储备量时，它接近于保险储备量。若因供应误期，就只好动用保险储备。实际上，每一种库存材料的数量都在最高和最低之间变化着。正常情况下，库存储备量等于经常储备量的一半加保险储备量，这时的库存储备称为平均储备量。

供应期方法是制订储备定额的基本方法，它利用材料及低值易耗品的供应间隔周期和平均每天需用量为基础来确定其储备定额。储备定额的计算公式为：

$$M = L_t D$$

式中　M——某种材料的储备定额；

　　　L_t——某种材料平均每天需用量；

　　　D——某种材料合理的储备天数。

经济订购批量是指某种材料全年需要的总费用达到最小值时的材料进货量。利用经济订购批量方法制订的储备定额具有最佳的经济效果。使用经济订购批量方法的前提条件是：第一，需求率不变，即需求稳定，订购总是不变；第二，货源充足，不会出现缺货现象；第三，运输方便，可随时送货；第四，仓库存储条件和材料储存寿命不受限制；第五，单价和运输费用率固定，不随订货批量的大小而变化。

经济订购批量的总费用由三部分组成，第一，材料总价，由材料及低值易耗品的单价和订购数量所决定；第二，保管总费用（或称储存总费用），由材料及低值易耗品占用资金利息、维护保管费、仓库管理费、库内搬运费和储存损耗费等构成；第三，订购总费用，由运费（包括进货时的运费、装卸费、途耗费、检验费等）和订购费（包括与订购有关的业务手续费、差旅费、行政费等）所构成。

（3）ABC分析法在材料定额管理中的应用　对化验室所需要的各种材料，按其价值高低、用量大小、重要程度和采购难易分为A、B、C三类，对占用储备资金多、采购较难且重要的材料定为A类材料，在订购批量和存储管理等方面，实行重点控制；对占用资金少采购容易、比较次要的材料定为C类材料，采用较为简单的方法加以控制；对处于上述两类之间的材料定为B类材料，采用通常的方法进行管理和采购。

一般来说，A类材料的品种占总数的15%左右，价值达总价值的80%左右；B类材料的品种占总数的25%左右，价值达总价值的15%左右；C类材料的品种占总数的60%左右，价值只占总价值的5%左右。

（九）化学试剂的管理

化学试剂是化验室检验系统经常性消耗而且使用量较大的材料。化学试剂的种类繁多并且没有分类方法的统一规定。在不同的分类方法中，使用较多的是按用途和化学组成的分类方法。这种分类方法是将化学试剂先分成大类，在每一大类中又分成若干小类。也有按化学试剂的纯度进行分类的方法，按化学试剂的纯度进行分类，我国将化学试剂共分为7种，分别为：高纯（又称超纯或特纯）、光谱纯、分光纯、基准纯、优级纯、分析纯、化学纯。高纯试剂，纯度要求在99.99%以上，杂质总含量低于0.01%。优级纯、分析纯、化学纯试剂统称为通用化学试剂。国际纯粹与应用化学联合会（IUPAC）将作为标准物质的化学试剂按纯度分为5级：

① A级　相对原子质量标准物质。

② B级　和A级最接近的标准物质。

③ C级　$W = (100 \pm 0.02)\%$的标准试剂。

④ D级　$W=(100\pm0.05)\%$ 的标准试剂。

⑤ E级　以C级或D级试剂为标准进行对比测定所得的纯度相当于C级或D级，但实际纯度低于C、D级的试剂。

按照这种纯度等级分类，表2-1中的一级、二级基准试剂，仅相当于C级和D级的纯度。

表 2-1　化学试剂的分类

类别	用途及分类	示例	备注
无机分析试剂	用于化学分析的一般无机化学试剂	金属单质、氧化物、酸、碱、盐	纯度一般大于99%
有机分析试剂	用于化学分析的一般有机化学试剂	烃、醛、醇、醚、酸、酯及衍生物	纯度较高、杂质较少
特效试剂	在无机分析中用于测定、分离或富集元素时一些专用的有机试剂	沉淀剂、萃取剂、显色剂、螯合剂、指示剂	
基准试剂	标定标准溶液的浓度。又分为：容量工作基准试剂；pH 工作基准试剂；热值测定用基准试剂	基准试剂，即化学试剂中的基准物质 一级有 15 种 二级有 7 种	一级纯度:$99.98\%\sim100.02\%$ 二级纯度:$99.95\%\sim100.05\%$
标准试剂	用作化学分析或仪器分析的对比标准或用于仪器校准。分为：一级标准物质；二级标准物质	纯净的或混合的气体、液体或固体	我国自己生产的由国家市场监督管理总局公布的(2020 年)一级标准物质91种;二级 1277 种
仪器分析试剂	原子吸收光谱标准品;色谱试剂(固定液、固定相填料)标准品;电子显微镜用试剂;核磁共振用试剂;极谱用试剂;光谱纯试剂;分光纯试剂;闪烁试剂		
指示剂	用于容量分析滴定终点的指示、检验气体或溶液中某些物质。分为:酸碱指示剂;氧化还原指示剂;吸附指示剂;金属指示剂等		
生化试剂	用于生命科学研究。分为:生化试剂;生物染色剂;生物缓冲物质;分离工具试剂等	生物碱、氨基酸、核苷酸、抗生素、酶、培养基	也包括临床诊断和医学研究用试剂
高纯试剂	纯度在 99.99% 以上,杂质控制在 10^{-6} 级或更低		
液晶	在一定温度范围内具有流动性和表面张力并具有各向异性的有机化合物		

1. 通用化学试剂

国家标准《化学试剂 包装及标志》(GB 15346—2012)把优级纯、分析纯、化学纯级试剂统称为通用试剂。此外还有基准试剂、生化试剂和生物染色剂等门类。

化学试剂产品，按 GB 15346—2012 的规定，都必须在其包装标签上标明产品的标准号。按照《中华人民共和国标准化法》规定，标准分强制性和推荐性两种。对于化学试剂的标准，除基准试剂及其标志的标准为强制性标准外，其余的均属于推荐性标准，其符号应在标准号中加字母 T，例如 GB/T、HG/T 等。

GB 15346—2012 将化学试剂分为不同门类级，并规定了它们的标志和包装单位见表 2-2 和表 2-3。我国和其他国家的化学试剂在规格、标志等方面有所不同。对照情况见表 2-4。

表 2-2 化学试剂的门类、等级及标志

门类	质量级别 （中文标志）	代号 （沿用）	标签颜色[①]	备注
通用试剂	优级纯	G. R.	深绿色	主体成分含量高,杂质含量低,主要用于精密的分析研究和测试工作
	分析纯	A. R.	金光红色	主体成分含量略低于优级纯,杂质含量略高,用于一般的分析研究和重要的测试工作
	化学纯	C. P.	中蓝色	品质略低于分析纯,但高于实验试剂(L. R.),用于工厂、教学的一般分析和实验工作
基准试剂	—	—	深绿色	用于标定容量分析标准溶液及 pH 计定位的标准物质,纯度高于优级纯,检测的杂质项目多,但总含量低
生化试剂[②]	—	—	咖啡色	用于生命科学研究的特殊试剂种类,纯度并非一定很高
生物染色剂	—	—	玫瑰红色	用于生物切片、细胞等的染色,以便显微观测

① 其他类别的试剂均不得使用上述的颜色标志。
② 此类试剂及其标签颜色是由 HG 3—119—1983 规定的, GB 15346 中未单列。

表 2-3 化学试剂的包装单位

类别	固体产品包装单位/g	液体产品包装单位/mL
1	0.1,0.25,0.5,1.0	0.5,1.0
2	5,10,25	5,10,20,25
3	50,100	50,100
4	250,500	250,500
5	1000,2500,5000,25000	1000,2500,3000,5000,25000

表 2-4 各国化学试剂规格、标志对照表

国家或厂牌	I	II	III
GB 15346—2012 （我国国家标准）	G. R.（优级纯）	A. R.（分析纯）	C. P.（化学纯）
E. MERCK （德国伊默克厂）	G. R.（保证试剂）	LAB.（实验用） ORG.（有机试剂）	E. P.（特纯） PURE（纯）
DR THEODOR SCHUGHARAT （德国狄奥多·叔查特公司）	A. R.（分析试剂）	REINST（特纯） C. P.	REIN（纯） L. R.（实验试剂）
RIEDEL DEHAEN （AG） （德国伊地亨公司）	P. A.（分析试剂）		PURE

国家或厂牌	I	II	III
BRITISH DRUG HOUSE （英国不列颠药品公司）	A. R. R. T. R.（点滴试剂）		LRLC（实验试剂）
HOPKIN & WILLIAMS （英荷普金·华列母公司）	A. R.	C. P.	C. P. R.（一般试剂） PURE
LIGHT （英国赖埃特厂）	C. R.		PURE L. R.
JUDEX （英国犹狄克斯厂）	A. R.	C. P.	PURE. E. P. PURIFIED（纯净的）
JAPAN （日本）	特级 G. R.　A. R.	一级	E. P PURE J. P.（日本药局方）
FLUKA （瑞士费鲁卡厂）	PURISS-PA （分析纯）	PURISS （高纯）	PRACT（实验纯） PURE PURUM（纯）
USA （美国）	A. R. ACS（美国化学学会）	C. P.	
CARLD ERBA （意大利卡罗·伊巴公司）	R. P.（分析试剂） R. S.（特殊试剂）	LAB	R（纯）
HUNGARY （匈牙利）	G. R. P. A.	P. S. S. （纯标准物质）	E. P

2. 标准物质

标准物质的定义为：具有一种或多种足够均匀和很好地确定了特性值，用以校准设备评价测量方法或给材料赋值的材料或物质。标准物质是一种计量标准，都附有标准物质证书，规定了对其一种或多种特性值可溯源的确定程序，对每个标准值都有给定置信水平的不确定度。标准物质在有效使用期内的特性量值可靠。标准物质种类很多，涉及面也很广。我国把标准物质分为两个级别，分别为：一级标准物质，代号为GBW，是指采用绝对测量方法或其他准确、可靠的方法测量其特性值，测量准确度达到国内最高水平的有证标准物质，主要用于研究与评价标准方法、对二级标准物质定值；二级标准物质，代号为GBW（E），是指采用准确可靠的方法或直接与一级标准物质相比较的方法定值的标准物质，也称工作标准物质，主要用于评价分析方法以及统一实验室或不同实验室间的质量保证。我国参照国际常用的分类方法将标准物质分为13类，①钢铁；②有色金属；③建筑材料；④核材料与放射性；⑤高分子材料；⑥化工产品；⑦地质；⑧环境；⑨临床化学与医药；⑩食品；⑪能源；⑫工程技术；⑬物理与物理化学。

3. 危险性化学试剂

危险性化学试剂是指受光、热、空气、水或撞击等外界因素的影响，可能引起燃烧、爆炸的试剂，或具有强腐蚀性、剧毒性的试剂。一般包括易爆品、易燃品、强氧化剂、强腐蚀性试剂、剧毒品和液体有机试剂等。

4. 化学试剂溶液

分析检验工作中常用各种各样的化学试剂溶液，如常用的酸、碱、盐溶液；标准溶液，包括滴定用标准溶液、杂质标准溶液、pH 标准溶液；指示剂溶液、缓冲溶液、特殊试剂和制剂溶液等。由于化学试剂的性质不同，对溶液组成标度的准确度要求不同，所用溶剂不同，所以配制方法、操作要求也各不相同。有关滴定分析用标准溶液、杂质测定用标准溶液等的配制和标定，应按 GB/T 601、GB/T 602 及 GB/T 603 标准规定进行。

5. 其他化学品

这里所述的其他化学品主要包括化验室用清洗剂，如铬酸洗液、工业盐酸稀释洗液、硝酸-氢氟酸洗液等酸性化学洗液，氢氧化钠-乙醇洗液、碱性高锰酸钾洗液等碱性化学洗液、碘-碘化钾洗液、有机溶剂等其他化学洗液；普通清洗剂；浴油类，如甘油、石蜡、润滑油；其他化学材料，如橡胶制品、塑料制品、化学纤维制品等。

6. 化验室常用材料的管理

下面所述的管理主要是指使用、保管、存放前述化学试剂、标准物质等化验室常用材料时的一些注意事项。

在使用化学试剂时，首先要熟悉其性质，如市售强酸和强碱的浓度、化学特性等；有机溶剂的挥发性、可燃性、毒性等。取用时，按相关规定进行，如拆开易燃易爆品外包装时不能使用钢或铁质工具；打开易挥发试剂的瓶塞，瓶口不要对着脸部或其他人；有毒、有恶臭味的试剂应在通风橱中操作使用，结束后将瓶塞蜡封或用生料带封严瓶口。

所有的化学试剂要分类存放，如无机试剂可按酸、碱、盐、氧化物、单质等分类；盐类可按阳离子分类，如钾盐、钠盐、铵盐、钙盐、镁盐等；有机试剂一般按官能团排列，如烃、醇、酸、酯等；指示剂可按用途分类，如酸碱指示剂、氧化还原指示剂和配位滴定的金属指示剂等；专用有机试剂可按测定对象分类。

易燃易爆品应存放于主建筑外的防火库内不易碰撞的地方，库内应配备相应的灭火和自动报警装置。易爆品储存温度一般在30℃以下，易燃品储存温度一般不宜超过28℃并应储存在有良好的通风效果的防火库内，移动时应轻拿轻放。

化验室在使用和临时存放化学危险品时，对于低沸点、易挥发的有机溶剂应存放于阴凉通风处，远离热源，更不得有明火，不要与固体试剂同置一个柜中；燃点低、受热、摩擦撞击或遇氧化剂易引起燃烧、爆炸的固体应存放于阴凉偏低的地方，不要与强氧化剂、腐蚀性试剂、易燃液体试剂同存一处，远离热源，更不得有明火。

遇水燃烧品，如钾、钠等，应保存在煤油中，瓶塞要严密，存放于不会被撞倒、不会遇水的地方。

自燃试剂，如白磷，要保存于水中。

易燃气体，如其钢瓶，不得存放于室内，要存放于室外专设的通风干燥的气瓶室内。

氧化剂、腐蚀性试剂不得与易燃易爆品存放在一起。氧化剂、腐蚀性试剂也不要存放在一起。

剧毒品，应设专人保管，现领现用，用后的剩余品不论是固体还是液体，都要及时交回保管人，做好使用登记记录。

液体有机试剂，一般不要和固体试剂存放于同一柜中，试剂和溶液要分别保存。化学试剂溶液要装在细口瓶中，滴加使用的溶液应装在滴瓶中，见光易分解的应装在棕色瓶中。所有化学试剂溶液在存放过程中都应避免受热和强光照射。所有试剂、溶液以及样品的盛装容器上都必须贴上标签，标签的大小与容器相称，标签书写要工整、完整和清晰。试剂最好使用原标签，配制的溶液、制剂包装上的标签，应写明名称、法定计量单位浓度、配制日期；样品包装标签上要有样品名称、采样日期、待检项目、送样单位、送样人、接样人等；长期使用的试剂、溶液以及样品的盛装容器上的标签可涂蜡保护，以防腐蚀、磨损。

化学试剂溶液只能在其有效期内使用，如 GB/T 601 规定一般滴定分析用标准溶液在常温（15～25℃）下，使用期限不宜超过两个月，即使用两个月后其浓度须重新标定。

一般试剂溶液可按一般分类和浓度大小顺序排列存放，专用试剂溶液可按分析项目分组存放，便于取用。

三、化验室管理信息和文件资料的构建与管理

（一）化验室管理信息的管理

在人类社会的各种活动中，总是伴随着各种相互间有形或无形的作用，这种作用实际上是信息传递的表现。所以，人们把能够产生相互间的作用且代表一定含义的信号、情报、消息及密码等统称为信息。信息是对客观世界中事物性状的反映，人们通常用语言、文字、图形等来反映各种事物，这些用语言、文字、图形等表达的资料经过解释，就是一般概念上的信息。化验室作为组织生产、科研等活动的组织系统，对作用于化验室并影响化验室目标任务完成的各种信息的管理是非常重要的。

1. 化验室管理信息的特性

（1）社会可比性　由于化验室的各项工作和社会大环境是密不可分的，反映化验室各种活动的管理信息也是在一定的社会背景下产生的，不能脱离社会而独立存在，因而具有社会可比性。这就要求管理信息标准化、规范化，以便于相互比较和借鉴。

（2）科学性和实用性　化验室管理信息能帮助管理者正确地决策和有效地管理，从而使化验室各种活动有效进行。所以，要求信息具有科学性和实用性，即要有实用

价值。

（3）连续性和流动性　化验室组织管理过程始终处于动态之中，化验室管理信息也是在动态中产生的，具有连续性和流动性。管理者将根据不断出现的新信息，对原有的措施、规章、制度等做出新的修改或调整，以便实施新情况下的有效管理。

（4）与信息载体不可分性　化验室管理信息是由信息的内容（实体）和反映这些内容的语言、文字、图形（载体）构成的整体，信息不能脱离载体而独立存在。因此，管理者要研究对不同的信息内容采用不同的载体进行传输，使信息能快速、准确、可靠地发送和传达。

2. 化验室管理信息的分类

对于化验室来讲，能否及时获取有用的信息，直接关系到管理效率的高低。又因为各级单位的地位和职能不同，对信息的需求也不同，所以，对管理信息进行分类，有助于提取或提供所需的适当信息。管理信息按不同情况分类，可有八种分类标准，其中较具代表性的有信息来源和管理层次两类。

（1）按信息来源分类　分为化验室外部信息流和化验室内部信息流。化验室外部信息流包括从外部环境流向化验室的内向流和从化验室流向其外部环境的外向流两类；化验室内部信息流是指当外部信息流入化验室后，与化验室内部信息作用而产生的新信息流，这些新的信息流分为纵向的化验室信息流（向上传递的和向下传递的）和横向的化验室信息流（化验室内部平级部门之间传递的），应及时地传递到有关部门。

（2）按管理层次分类　分为上层、中层、基层所需的三类信息。上层所需的信息是重要和起决定性作用的信息，是企业最高领导层进行重大规划和决策所需的信息，如产品未来市场的前景、新的投资项目、重大技术改造项目等。一般这类信息的需要量较小，但要求信息综合、概括、抽象，且具有灵活性。中层所需的信息是控制性信息，是中层管理人员充分利用各种资源完成任务、实现目标所需要的信息，如部门人员岗位责任制、人员培训方案、奖惩激励办法等。基层所需的信息是业务性信息，是基层管理人员进行各项业务活动需要的信息。它是在活动过程中产生的，一般由基层管理人员负责收集和传递并据以处理经常性的业务问题。一般来讲，这类信息的需求量较大，且要求信息详尽具体、精确。

3. 管理信息的处理

（1）信息处理的特点和要求　信息处理的特点是原始数据量大，归纳整理繁琐，查找频率较高，要求时间性强，但计算本身的数学问题简单，用一般的数学运算和必要的逻辑判断就可以解决。在处理信息的过程中必须符合准确、及时和适用的要求。准确，就是信息要如实地反映化验室的实际情况；及时，就是信息传递的速度要快；适用，就是信息要符合实际需要。这样，就能使管理信息有效地发挥其作用。

（2）管理信息处理的内容　管理信息处理的内容包括收集、加工、传递、存储、检索和输出六个环节。

收集是指做好收集原始数据这一重要基础工作，收集时要有针对性，采集时间、数量和次数都要有明确规定，要保证原始材料的全面性和可靠性。

加工是指完成信息处理的基本内容。包括对信息进行分类、排序、计算选择等工作，这些工作都要服从化验室管理某项任务的要求，各项目的内容要有明确的内涵。

传递是指传递的信息在化验室组织中传递形成信息流。信息流具有周密的顺序和传递路线，为保证信息流的畅通，必须明确规定信息传递的责任制度，包括时间、地点、发信人、收信人等。信息传递分为向上传递与向下传递（称为纵向传递）和化验室内部平级部门之间传递（称为横向传递）。

存储是指将经过处理后的信息暂时存储起来，以便调用。经过处理后的信息，有时并非立即就使用，有时虽然立即使用，但日后还需用作参考，因此就需存储起来，建立档案，妥善保管。信息库存储的信息，必须经常更新。有的信息随着新信息的输入自动消除，只存储新信息。有的信息随着新信息的输入，既要保留旧信息，又要存储新信息。凡是需要的信息，必须存储起来，以保证各级管理人员充分了解和掌握职能范围内的信息情况，以便进行正确的决策和有效的组织与管理，促进化验室目标任务的完成。

检索是指迅速查找所需信息的方法和手段。为了方便地使用化验室信息系统中大量的信息资源，必须建立一套科学和快速查找信息的方法和手段。

输出是化验室信息系统将处理好的信息，按要求或需要，编印成各级管理人员或管理部门所需的各种报告、报表、文件等。例如各种统计报表、报告、计划、总结、规章制度、人员培训计划、人员考核结果、仪器设备购置计划、大型精密仪器操作规程等都是信息输出的形式。

（二）化验室文件资料的分类

化验室文件资料一般分为管理性文件资料、工作过程性文件资料和技术性文件资料三大类。

1. 管理性文件资料

管理性文件资料是指导化验室开展各方面工作的法律法规、上级组织和相关管理机构的文件、化验室自身的管理性文件等。例如常见的管理性文件资料有：

① 国家和地方各级人民政府的质量管理法律、法规文件及附属资料；

② 行业管理机构的质量管理文件及附属资料；

③ 上级质量监督仲裁机构的监督检验、仲裁通告文件；

④ 用户质量投诉资料；

⑤ 企业的生产调度指令和质量管理制度；

⑥ 化验室质量管理手册，其中包括日常工作制度、各类人员岗位职责、仪器设备和分析检验工作质量控制等；

⑦ 化验室其他规章制度。

2. 工作过程性文件资料

工作过程性文件资料是指化验室及其管理部门在开展各项工作中的报告、讲稿、记录总结以及各种工作处理材料等文件。例如常见的工作过程性文件资料有：

① 化验室年度工作计划和总结；

② 化验室年度仪器设备、相关材料购置计划；

③ 化验室人员培训和考核记录；

④ 化验室各类人员的年度工作考核结论；

⑤ 计量仪器、设备的性能检定证书；

⑥ 企业内部常规送检通知文本；

⑦ 企业有关管理部门的临时性工艺抽样检验指令；

⑧ 生产车间或班组及有关业务部门临时性抽检申请；

⑨ 各种分析检验的原始记录；

⑩ 日常检验和监督检验的分析检验报告书；

⑪ 上级技术监督检验机构对企业产品的抽样监督检验项目检验结果的通知文本；

⑫ 质量管理台账和其他与分析检验工作相关的报表等。

3. 技术性文件资料

技术性文件资料是指分析检验技术工作应遵循的技术指导文件或与分析检验工作技术上相关的文件资料。常见的技术性文件资料如下：

① 原辅材料、产品执行的国家技术标准或行业技术标准或地方技术标准；

② 企业化验室分析检验规程，包括原辅材料、中控分析、产品检验等分析方法；

③ 大型精密仪器设备操作规程、使用或对外服务记录；

④ 仪器设备技术档案、账卡和定期检查核对记录；

⑤ 仪器设备的维护保养和修理记录；

⑥ 科技信息、论文、书籍、书刊；

⑦ 其他技术资料或文件，包括国内外用户或单位、部门的产品质量以及其他与质量有关的咨询函件或文本，国内外同行业或相关行业质量管理、产品质量标准或质量改进等方面的交流资料。

（三）化验室文件资料的构建与管理

1. 化验室文件资料的制订

在化验室的管理工作中，由于国家质量管理政策的调整、质量标准的变化等外部因素的影响和企业内部管理及化验室自身的运行与发展等，适时地制订相应的文件资料是必须的。化验室制订文件资料的过程可分为三个阶段，即准备阶段、形成文字阶段和修改阶段。

（1）准备阶段　主要包括认真领会国家的方针政策和上级的指示精神、收集相关资料、研究化验室自身的实际和文件资料应起到的作用，确定基本观点，选择文体类别；

（2）形成文字阶段　主要包括合理安排结构、掌握规范格式、灵活熟练地运用语言；

（3）修改阶段　主要包括观点的订正、材料的增删、结构的调整、语言的锤炼和格式的审定。

2. 常用文体类别及要求

化验室文件资料的文体类别按组织系统和网络，分为上级行于下级的下行文、下级行于上级的上行文和同级之间的平行文。依据不同的行文关系，确定不同的文体类别、称谓、词语和语气，它们之间不能错用或混用。如下级可向上级用"请示""报告""函"等，但绝不能发"通报""指示"等；平级之间行文可用"函""通知"等，绝不能用"请示""报告"等。

（1）通告是在一定范围内公布应当遵守或周知的事项时使用的一种文种，它具有公开性、告知性、限制性、强制性和广泛性的特点。通告一般分为法规政策类和具体事务类。

（2）通知是发布行政法规和规章，转发上级、同级的公文，批转下级的公文，要求下级办理和需要周知或共同执行的事项时使用的一种文种。通知具有使用频率高、种类多、灵活、简便等特点。按形式可分为联合通知、紧急通知、补充通知等；按内容可分为发布性通知、指示性通知、批转性通知、告知性通知和会议通知等。

（3）通报是上级将有关重要情况、先进经验、严重问题等告知下级时使用的文种。通报具有时效性、典型性和真实性的特点，主要起到沟通情况、传达信息、交流经验、弘扬先进、批评错误、纠正问题，从而进一步推动工作的作用。通报一般分为通气性通报、表扬性通报和批评性通报。

（4）报告是下级向上级汇报工作、反映情况、提出建议时使用的文种。根据报告的内容、作用，可分为工作汇报性报告、请示批转性报告、情况反馈性报告和转报性报告。请示是下级向上级请示指示、批准时使用的文种。根据请示的内容、作用，可分为请批转性请示和请求批复性请示。

（5）批复是上级答复下级请示事项时使用的文种。批复具有针对性、决定性、指示性。

（6）函是同级之间相互商洽工作、询问和答复问题，或由下级向有关部门请示批准事项时使用的文种。函具有行文的广泛性、使用的多样性和写法的简便性等特点。

（7）会议纪要是根据会议的宗旨和目的将会议的基本情况、主要精神和议定事项，经过综合整理而形成的文种。会议纪要具有客观性、提要性的特点，一般用于比较重要的会议如办公会、工作例会、座谈会等。

（8）规定（暂行规定）是指对某方面工作或某类社会关系做出部分规定时使用的文种。规定的特点是：所规定的事项涉及一方面或某类社会关系；规定的内容较灵活、直接、明确、具体；具有对现行法律、法规、规章制度的补充、完善、变通的功能。

（9）办法（实施办法）是对某一种特定的条例、事项，确定其具体做法和实施方法的文种。办法具有直接、具体、明确、操作性强等特点，常常是某一条例、事项实施的具体化。

（10）细则（实施细则）是指为贯彻实施法律、条例、规定、制度等而对某一方面的问题或某项工作做出具体、详细规定的文种。细则的特点是具有从属性，即是为具体实施某法、某条例或某规定或某项制度而制定的。细则的内容可以是某一法规全部内容的具体化也可以是部分内容的具体化，还可以是专门依据某一"条"而引申制定的实施细则。细则具有针对主体法规进行延伸、补充、深化、完善的作用，具有较强的可操作性。

3. 化验室各类文件资料的建档

（1）化验室档案材料的分类　化验室档案材料是指在化验室建设、管理、分析检验、技术改造、新产品试验以及对外服务等活动中形成的具有保存价值的管理性文件、工作过程性文件和技术性文件。化验室档案应对档案材料按性质、内容、特点、相互之间的联系和差异进行分类。其类别应根据化验室的规模、任务量、工作水准等情况确定。常规的分类见表 2-5。

表 2-5　化验室档案材料分类

一级分类	二级分类	三级分类
化验室人力资源建设与管理	化验室人员情况表	化验室人员汇总表、个人履历表
	化验室人员的变动	化验室人员考核晋级与职务聘任、化验室人员岗位培训计划与实施情况、化验室人员的奖惩材料
化验室建设文件和材料	化验室规划、计划和总结	化验室建设规划与执行检查、化验室年度工作计划和总结
	化验室建立和撤销	新建改建化验室的材料、化验室撤销的材料
	化验室基础设施	化验室建筑平面图改造记录，水、电、气布置图及技术资料，防火、防毒污染及防盗等安全资料
	化验室仪器设备及材料	固定资产、低值易耗品、材料的账、卡，仪器设备的订货合同、使用说明书、合格证、装箱单，仪器设备验收、索赔记录，仪器设备的使用、借用、维修记录，仪器设备的技术改造、功能开发记录，仪器设备技术性能检定记录，自制仪器设备资料
化验室管理文件资料	上级文件、实施细则	有关行政法律法规、管理条例、规定、办法、实施细则
	各项规章制度	物资管理制度、经费使用制度、安全环保制度
	化验室信息统计资料	大型精密仪器设备使用效益统计表、管理系统框图及一览表
	化验室质量管理手册	组织结构框图、人员岗位责任制、分析检验工作质量控制及保证体系、日常工作制度

一级分类	二级分类	三级分类
完成目标任务的文件材料	技术文件资料	技术标准、分析检验规程、分析检验项目、大型精密仪器设备操作规程、仪器设备技术档案
	分析检验、科研和对外服务的文件资料	分析检验原始记录,检验报告书,技术改造、新产品试验及成果鉴定材料,对外服务议定书和结果材料

(2) 化验室建档材料的要求　第一,建档材料要具有完整性、准确性和系统性,首先做好材料的收集、整理和筛选,然后按科学方法进行分类归档,并根据需要合理地确定建档材料的保存期限。对于保密文件应单独建档,同时写明保密级别。第二,建档材料要符合标准化、规范化的要求,建档的文件材料一般情况下应为原件,并要做到质地优良、格式统一、书写工整、装订整洁,不能用铅笔、圆珠笔书写。第三,建档手续要完备,建立必要的档案材料审查手续和档案管理移交手续。第四,建档材料要适合计算机管理,便于录入、统计、打印和传输等。

进度检查

一、填空题

1. 构建化验室检验系统的人力资源主要从____和____两方面考虑,其中人力资源包括____、____和____三方面的结构。

2. 人力资源管理的方法包括____、____、____和____四个方面。

3. 仪器设备管理的任务主要包括____、____、____、____和____五个方面。

4. 仪器设备购置计划管理包括____、____和____三方面的工作。

5. 仪器设备的日常事务管理包括____、____、____和____四方面的工作。

6. 大型精密仪器设备管理的任务是____、____和____三方面的工作。

7. 数据处理系统的硬件主要包括由____、____和____等组成的具体装置,如运算器、控制器、内存储器、外存储器和输入输出设备五大部分。前三部分合在一起称为____或____单元,后两部分被称为____。计算机系统的软件,泛指为了使用计算机所必需的____。

8. 化验室数据处理系统的基本功能包括____、____、____、____和____五个方面。

9. 化验室数据处理系统的管理包括____、____和____三方面。

10. 储备定额由____和____所组成,它们的含义分别是____和____。

11. 供应期方法是制订____基本方法,它利用____为基础来确定其储备定额。储备定额的计算公式为____。

12. 材料及低值易耗品仓库管理工作的基本要求包括____、____和____三方面。

13. 管理信息按不同情况分类,可有____种分类标准,其中较具代表性的有____

和____两类。

14. 管理信息处理的内容包括____、____、____、____、____和____六个环节。

15. 化验室文件资料主要包括____、____和____三类。

二、选择题

1. 人力资源的特点包括（   ）。

A. 能动性、再生性和相对性

B. 物质性、可用性和有限性

C. 可用性、相对性和有限性

D. 可用性、再生性和相对性

2. 下列属于人力资源管理内容的是（   ）。

A. 定编、定岗位职责、定结构比例和考核晋级

B. 实行严格的聘任制

C. 岗位培训和设立技术成果奖

D. 加强思想政治教育工作

3. 应列为固定资产进行专项管理的是（   ）。

A. 一般仪器

B. 耐用期 1 年以上且非易损的一般仪器设备

C. 低值仪器设备

D. 化学试剂

4. 大型精密仪器设备的管理主要有（   ）。

A. 计划管理、技术管理、经济管理三个方面的管理

B. 技术管理、经济管理和使用管理考核三个方面的管理

C. 经济管理和使用管理考核两方面的管理

D. 计划管理、技术管理、经济管理和使用管理考核四个方面的管理

5. 数据处理系统运算器的作用是（   ）。

A. 在控制器的指挥下，对内存储器里的数据进行运算、加工和处理等

B. 指挥计算机协调工作

C. 将信息转换成电脉冲输入机器的存储器中

D. 存储原始数据、最终结果和计算程序等

6. 我国按化学试剂的纯度进行分类，共分为（   ）。

A. 7 种   B. 10 种   C. 5 种   D. 4 种

7. 我国把标准物质分为两个级别，并按鉴定特性分为（   ）。

A. 13 类   B. 3 类   C. 5 类   D. 6 类

8. 属于化验室管理信息特性的是（   ）。

A. 社会性、有效性、连续性和流动性、与信息载体不可分性

B. 物质性和有效性

C. 社会性、有效性和实用性

D. 连续性和流动性以及广泛性

9. 常见的管理性文件资料有（　　　）。

A. 七方面的文件资料　　　　　　　B. 两方面的文件资料

C. 三方面的文件资料　　　　　　　D. 八方面的文件资料

10. 化验室文件资料的制订包含（　　　）。

A. 三个阶段　　　　B. 两个阶段　　　　C. 四个阶段　　　　D. 六个阶段

三、简答题

1. 如何理解化验室检验系统定义的内涵？依据什么来构建化验室检验系统？同时应该注意哪些问题？

2. 怎样理解人力资源管理的定义及其内涵？

3. 如何构建化验室检验系统的人力资源？

4. 如何理解仪器设备和材料管理的意义？

5. 仪器设备的计划包括哪几方面的工作？

6. 仪器设备的技术管理包括哪几方面的工作？

7. 仪器设备的经济管理包括哪几方面的工作？

8. 化验室数据处理系统的基本要求有哪些？

9. 化验室材料管理有哪几方面的工作？有哪些意义或作用？何为材料的定额管理？有什么作用？

10. 简述 ABC 分析法在材料定额管理中的应用。

11. 化学试剂、通用化学试剂有哪些分类？分类的依据是什么？

12. 以化学试剂为主的材料在使用、保管、存放时应注意哪些事项？

13. 如何理解化验室管理信息管理的作用？

14. 化验室文件资料和建档文件材料的分类有哪些联系和区别？对建档文件材料有哪些要求？

15. 化验室文件资料通常有哪些文种？各文种的要求是什么？

📖 素质拓展阅读

实验室管理学的基本原理及其与现代化管理科学的关系

一、实验室管理学的基本原理

实验室管理学的基本原理是应用现代管理学的基本原理对实验室管理工作的实质内容进行分析和研究而总结出来的。包括系统原理、人本原理、动态原理和效益原理。

系统原理就是把构成系统的诸多要素看作既是自己系统内，又与其他系统发生各种形式的联系，既要协调系统内各要素之间的关系，又要处理与其他系统的关系。总之，要发挥系统的最佳功能，实现管理的优化目标。

人本原理是指在管理过程中，人始终处于管理的中心地位并发挥着主导作用。也就是说，管理工作应立足于人，通过做好人的工作，使之最大限度地发挥主动性和创造性，实现管理资源（财力、物力、时间、信息等）的合理运用和管理系统整体功能的优化，从而达到预期的目标。人本原理主张现代管理中的人，既是管理者，又是被管理者；管理是由人进行的，同时又是对人的管理。

动态原理就是强调揭示系统的发展变化规律，改进管理系统的动态过程，使管理系统取得最佳工作效率。在实验室管理系统中运用动态原理，就是要把握系统的动态目标，不断调整和改进；注意系统的动态过程，掌握管理对象的发展变化，并进行优化组合；体现管理系统发展变化的规律性和管理工作变化的灵活性，及时适应系统各种可能的变化。

效益原理是指以同样的劳动消耗和劳动占用，取得最多的劳动成果，或者是取得相同的劳动成果，花费的劳动消耗最小，支付的劳动占用最少。在实验室管理工作中运用效益原理，就是要重视实验室的社会效益、经济效益和工作效率。

二、实验室管理学与现代管理科学的关系

现代管理科学综合运用现代社会科学、自然科学和技术科学的理论和方法，研究现代条件下管理活动的基础规律和一般方法。在研究人群关系和系统分析中，强调任何一名劳动者都不是孤立的，应该重视社会、心理对他们的影响，要激发他们的积极性和创造性。同时要运用运筹学和其他科学的方法，对管理对象进行系统分析，使管理人员据此做出适当的决策，并通过计划、组织、指导、协调、控制等管理过程，解决管理工作中的各种问题。

现代管理科学是一门综合性的科学，是对管理学中具有普遍意义的思想、原理、方法的综合、提炼和总结，由具体到一般，寻求和掌握一般的管理功能、原理和原则、方法和手段。

现代管理科学首先是从经济管理部门发展起来的，然后相继在其他领域推广。随着其他部门管理学的发展，实验室管理学作为现代管理科学的一个分支开始成为一门独立的学科。实验室管理学同其他部门管理学一样，有着自身特殊的管理理论和方法，但它与其他部门管理学也存在着许多共性的东西，这就是现代管理学研究的对象。因此，实验室管理学是运用现代管理科学和自身管理学的理论和方法，由一般到具体，对实验室管理事务进行深入的研究与探索的一门学科。反之，实验室管理学的研究成果，也将不断丰富和完善现代管理科学。

模块3 化验室建设与设计

编号 FJC-26-06

学习单元 3-1 化验室设施建设

学习目标: 完成本单元的学习之后,能够对化验室的设施建设有所掌握。
职业领域: 化工、石油、环保、医药、冶金、汽车、食品、建材等。
工作范围: 分析检验。

一、化验室的基础设施建设

化验室的基础设施建设主要内容是基本化验室的基础设施建设、精密仪器室的基础设施建设和辅助室的基础设施建设三部分。

(一)基本化验室的基础设施建设

1. 基本化验室的室内布置

基本化验室内的基础设施有:实验台与洗涤池、通风柜与管道检修井、带试剂架的工作台或辅助工作台、药品橱以及仪器设备等。

(1)实验台的布置方式 化验室一般采用岛式、半岛式实验台。

岛式实验台,实验人员可以在四周自由行动,在使用中是比较理想的一种布置形式。其缺点是占地面积比半岛式实验台大,另外实验台上配管的引入比较麻烦。

半岛式实验台有两种:一种为靠外墙设置,另一种为靠内墙设置。半岛式实验台的配管可直接从管道检修井或从靠墙立管直接引入,这样不但避免了岛式的不利因素,又省去一些走道面积。靠外墙半岛式实验台的配管可通过水平管接到靠外墙立管或管道井内。靠内墙半岛式实验台的缺点是自然采光较差。为了在工作发生危险时易于疏散,实验台间的走道应全部通向走廊。

从以上分析可知,岛式实验台虽在使用上比半岛式实验台理想,但从总的方面看,半岛式在设计上比较有利。

(2)化学实验台的设计 化学实验台有两种:单面实验台(或称靠墙实验台)和双面实验台(包括岛式实验台和半岛式实验台)。在化验中双面实验台的应用比较广泛。

化学实验台的尺寸一般有如下要求。

① 长度。化验人员所需用的实验台长度，由于实验性质的不同，其差别很大，一般根据实际需要选择合适的长度。

② 台面高度。一般选取850mm。

③ 宽度。实验台的每面净宽一般考虑650mm，最小不应少于600mm，台上如有复杂的实验装置也可取700mm，台面上药品架部分可考虑宽200～300mm，一般双面实验台采用1500mm，单面实验台为650～850mm。

一个化学实验台主要由台面和台下的支座或器皿构成。为了实验的操作方便，在台上往往设有药品架、管线盒或洗涤池等装置。

① 管线通道、管线架与管线盒。实验台上的设施通常从地面以下或由管道井引入实验台中部的管线通道，然后再引出台面以供使用。管线通道的宽度通常为300～400mm，靠墙实验台为200mm。

② 药品架。药品架的宽度不宜过宽，一般能并列两个中型试剂瓶（500mL）为宜，通常的宽度为200～300mm，靠墙药品架宜取200mm。

③ 实验台下的器皿柜。实验台下的空间通常设有器皿柜，既可放置实验用品，又可满足化验人员坐在实验台边进行记录的需要。

④ 实验台的排水设备。通常包括洗涤池、台面排水槽。

⑤ 台面。通常为木结构或钢筋混凝土结构。台面应比下面的器皿柜宽，台面四周可设有小凸缘，以防止台面冲洗时台面上药液外溢。常见的台面有如下几种。

a. 木台面。通常采用实心木台面，它具有外表感觉暖和、容易修复、玻璃器皿不易碰坏等优点。

b. 瓷砖台面。其底层应以钢筋混凝土结构为好。木结构台面上虽可铺贴瓷砖，但如果木材发生变形，就难以保证瓷砖的拼缝处不开裂。

c. 不锈钢面层。耐热、耐冲击性能良好，沾污物容易去除，适用于放射化学实验、有菌的生物化学实验和油料化验等。

d. 塑料台面。它具有耐酸、耐碱以及刚度好等优点。

⑥ 实验台的结构形式。实验台的结构形式很多，归纳起来可以分为两大类：一类是固定式实验台，另一类是组合式实验台。

a. 固定式实验台。即岛式实验台，实验台的长度为2.7m，宽度为1.2m，高度为0.85m。实验台与洗涤池之间设计管道壁，外用白色瓷砖贴面，把所有管道，如热水、冷水、煤气压缩空气管、污水管等都设置在里面，使实验台上没有管子露出，便于实验台清洗及铺设聚氯乙烯薄膜，如图3-1所示。

b. 组合式实验台（图3-2）。木制组合式实验台由带台面的器皿柜、管线架和药品架3个构件组成。钢制组合式实验台由钢支架、器皿柜、台面和药品架4个构件组成，可以组合成岛式实验台、半岛式实验台和靠墙实验台3种形式的实验台。夹板组合式实验台由夹板支架、移动式器皿柜、药品架3个构件组成，可以组合成岛式实验台、半岛式实验台和靠墙实验台3种形式的实验台。

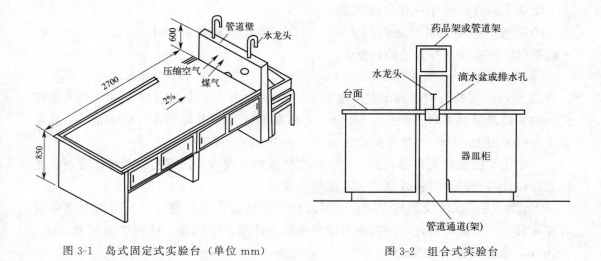

图 3-1 岛式固定式实验台（单位 mm）　　　　　　图 3-2 组合式实验台

2. 基本化验室的通风系统

在化验过程中，经常会产生各种难闻的、有腐蚀性的、有毒的或易爆的气体。这些有害气体如不及时排出室外，就会造成室内空气污染，影响化验人员的健康与安全，影响仪器设备的精确度和使用寿命。化验室的通风方式有两种，即局部排风和全室通风。局部排风是有害物质产生后立即就近排出的通风方式，这种方式能以较少的风量排走大量的有害物，效果比较理想，所以在化验室中被广泛地采用。对于有些实验不能使用局部排风，或者局部排风满足不了要求时，应该采用全室通风。

（1）通风柜通风　　通风柜是化验室中最常用的一种局部排风设备，种类繁多，由于其结构不同，使用的条件不同，其排风效果也各不相同。

① 通风柜的种类。

a. 顶抽式通风柜。这种通风柜的特点是结构简单、制造方便，因此在过去使用的通风柜中是最常见的一种。

b. 狭缝式通风柜。狭缝式通风柜是在其顶部和后侧设有排风狭缝，后侧部分的狭缝有的设置一条（在下部），有的设置两条（在中部和下部）。

c. 供气式通风柜。这种通风柜是把占总排风量70％左右的空气送到操作口，或送到通风柜内，专供排风使用，其余30％左右的空气由室内空气补充。供给的空气可根据实验要求来决定是否需要处理（如净化、加热等）。由于供气式通风柜排走室内空气很少，因此对于有空调系统的化验室或洁净化验室，采用这种通风柜是很理想的。

d. 自然通风式通风柜。这种通风柜是利用热压原理进行排风的，其排气效果主要取决于通风柜内与室外空气的温差、排风管的高度和系统的阻力等。为此，这种通风柜一般都用于加热的场合。

e. 活动式通风柜。其化验工作台、洗涤池、通风柜设备都可随时移动，不用时也可推入邻近的储藏室。

② 化验室内通风柜的平面布置。通风柜在化验室内的位置，对通风效果、室内的气流方向都有很大的影响，下面介绍几种通风柜的布置方案。

a. 靠墙布置。这是最为常用的一种布置方式。通风柜通常与管道井或走廊侧墙相接，这样可以减少排风管的长度，而且便于隐蔽管道，使室内整洁。

b. 嵌墙布置。两个相邻的房间内，通风柜可分别嵌在隔墙内，排风管道也可布置在墙内，这种布置方式有利于室内整洁。

c. 独立布置。在大型化验室内，可设置四面均可观看的通风柜。此外，对于有空调的化验室或洁净室，通风柜宜布置在气流的下风向，这样既不干扰室内的气流组织，又有利于排走室内被污染的空气。

③ 排风系统的划分。通风柜的排风系统可分为集中式和分散式两种。集中式排风系统是把一层楼面或几层楼面的通风柜组成一个系统，或者把整个化验楼的通风柜分成一两个系统。它的特点是通风机少，设备投资小。分散式排风系统是把一个通风柜或同一化验室的几个通风柜组成一个排风系统。它的特点是可根据通风柜的工作需要来开关通风机，相互不受干扰，容易达到预定的效果，而且比集中式节省能源。缺点是通风机的数量多、系统多。

排风系统的通风机，一般都装在屋顶上或顶层的通风机房内，这样可不占用使用面积而且使室内的排风管道处于负压状态，以免有害物质由于管道的腐蚀或损坏，或者由于管道不严密而渗入室内。此外，也有利于检修，易于消声或减振。

排风系统的有害物质排放高度，在一般情况下，如果附近50m以内没有较高建筑物则排放高度应超过建筑物最高处2m。

排风系统的管道安装如图3-3所示。

（2）排气罩通风　在化验室内，由于实验设备装置较大，或者化验操作上的要求无法在通风柜中进行，但又要排走实验过程中散发的有害物质时，可采用排气罩。化验室常用的排气罩，大致有围挡式排气罩、侧吸罩和伞形罩三种形式。

排气罩的布置应注意以下几点。

① 尽量靠近有害物的发源地。用同样的排风量，距离近的比距离远的排除有害物的效果好。

② 对于有害物不同的散发情况应采用不同的排气罩。如对于色谱仪，一般采用有围挡的排气罩；对于化验台面排风或槽口排风，可采用侧吸罩；对于加热槽，宜采用伞形罩。

③ 排气罩要便于实验操作和设备的维护检修。否则，尽管排气罩设计效果很好，但由于影响化验操作或者维护检修麻烦，还是不会受到使用者的欢迎，甚至可能被拆除不用。

（3）全室通风　化验室及有关辅助化验室（如药品库、暗室及储藏室等），由于经常散发有害物，需要及时排除被污染的空气。当化验室内设有通风柜时，因为通风柜的排风量较大，往往超过室内换气要求，可不再设置通风设备。当室内不设通风柜而且又须排除有害物时，应进行全室通风，全室通风的方式有自然通风和机械通风。

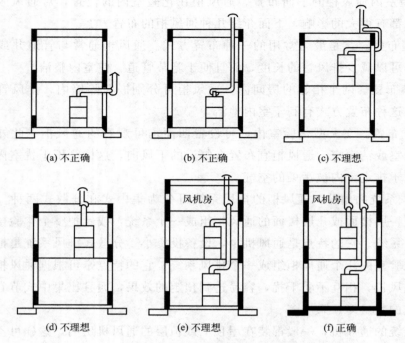

(a) 不正确	(b) 不正确	(c) 不理想
(d) 不理想	(e) 不理想	(f) 正确

图 3-3 通风柜排气管道的布置

① 自然通风。主要是利用室内外的温度差，把室内有害气体排至室外。当依靠门窗让空气任意流动时，称为无组织自然通风；当依靠一定的进风口和出风竖井，让空气按所要求的方向流动时，称为有组织的自然通风。

② 机械通风。当使用自然通风满足不了室内换气要求时，应采用机械通风。尤其是危险品库、药品库等，尽管有了自然通风，但为了防止事故，也必须采用机械通风。

（二）精密仪器室的基础设施建设

精密仪器室主要设置有各种现代化的精度仪器。这类化验室由于仪器设备的性能和型号不同，故进行设计时应满足仪器设备说明书提出的要求。

精密仪器室通常可与基本化验室一样沿外墙布置，并可将它们集中在某一区域内，这样有利于各化验室之间的联系，并可统一考虑如空调、防护等方面的布置。

化验室设计时，都应考虑仪器设备对温度、湿度、防尘、防振和噪声等的要求。

1. 天平室

（1）天平室的设计 天平是化验室必备的常用仪器。高精度天平对环境有一定要求：防振、防尘、防风、防阳光直射、防腐蚀性气体侵蚀以及较恒定的气温，因而通常将天平设置在专用的天平室里，以满足这些要求。

天平室应靠近基本化验室，以方便使用，如基本化验室为多层建筑，应每层都设有天平室。天平室以北向为宜，还应远离振源，并不应与高温室和有较强电磁干扰的化验室相邻，高精度微量天平应安装在底层。

天平室应采用双层窗，以利于隔热防尘，高精度微量天平室应考虑设置空调，但风速应小。天平室内一般不设置洗涤池或任何管道，以免管道渗漏、结露或在管道检修时影响天平的使用和维护。天平室内尽量不要放置不必要的设备，以减少积灰。天平室应有一般照明和天平台上的局部照明。局部照明可设在墙上或防尘罩内。

（2）天平台的设计　化验室里常用的天平大都为台式。一般精度天平可以设在稳固的木台上；半微量天平可设在稳定的、不固定的防振工作台上，亦可设在固定的防振工作台上；高精度天平的天平台对防振的要求较高。

在设计天平室时虽然已经考虑了尽量使其远离振源，并对可能产生的振源采取了积极的措施，但是环境的振动影响或多或少还是存在的，如人的走动、门的开关等，故天平台必须有一定的防振措施。

单面天平台的宽度一般采用 600mm，高度一般采用 850mm，天平台的长度可按每台天平占 800～1200mm 考虑。天平台可由台面、台座、台基等多个部分组成，有时在台面上还附加抗振座。

一般精密天平可采用 50～60mm 厚的混凝土台板，台面与台座（支座）间设置隔振附加抗振座材料，如隔振材料采用 50mm 厚的硬橡皮。高精度天平的部分台面可以考虑与台面的其余部分脱离，以消除台面上可能产生的振动对天平的影响，这样，天平的台座相对独立，台座与台面间设置减振器或隔振材料。减振器的选用应根据天平与台面的质量通过计算确定。天平台建成后，经试用或测试尚不能完全符合化验要求时，可在台上附加减振座，也可选择用特别的弹簧减振盒。

2. 高温室

高温炉与恒温箱是化验室的必备设备，一般设在工作台上，特大型的恒温箱则需落地设置。高温炉与恒温箱的工作台分开较好，因恒温箱大都较高大，工作台应稍低，可取 700mm 高，而高温炉可采用通常的 850mm 高的工作台。另外，恒温箱的型号较多，工作台的宽度应根据设备尺寸确定，通常取 800～1000mm 宽；而高温炉的尺度一般较小，可取 600～700mm 宽。

3. 低温室

低温室墙面、顶部、地面都应采取隔热措施，室内可设置冷冻设备。房间温度如保持在 4℃，则人可在里面进行短时间的工作，如温度很低（-20℃）时，则这种房间仅适宜于储藏。

4. 防火室

防火室有两个主要用途：
① 凡长时间（超过 12h）使用燃烧炉或恒温箱的实验工作都应在防火室内进行以

防自动控制仪失灵，导致恒温箱爆炸、火灾等情况的发生。

②凡大量使用易燃液体或溶剂如乙醚等的实验，以及连续长时间的蒸馏工作，也应在防火室内进行。

防火室除了首先应满足实验的工艺要求外，与其他化验室房间的不同之处在于房间的构造考虑了防火措施。如采用实体楼板与顶棚；房间应靠外墙，所有隔墙应通到顶部结构层，并由砖或混凝土预制块砌筑，设置能自闭的防火门；房间要有第二安全出口；根据实验内容，应考虑烟、热检测装置及自动灭火装置；通风柜及其排风道应由耐火材料制成，而且风机在火警发生时能自动断路。房间里如设置冷冻设备，应采用不产生火花的类型。高压电泳作业使用大量易燃液体时，应遵守防火规定中有关使用易燃液体的规定。

5. 离心机室

大型离心机会产生热量，同时也会产生一定程度的噪声，它们不宜直接安装在一般的化验室里，常将化验室里较大的离心机集中在单独的房间里。墙上根据离心机的数量按一定间距设置电源插座。室内应有机械通风，以排除离心机产生的热量。墙与门要有隔声措施。门的净宽应考虑到离心机的尺寸。室内可按需要设有工作台及洗涤池等设备。

6. 滴定室

滴定室是专门进行滴定操作的化验室，室内有专用的滴定台，台长可按每种滴定液 0.5m 计算，例如工厂的中心化验室的滴定液大都在 10 种以上，那么滴定室内就会有 5m 以上的滴定台。

（三）辅助室的基础设施建设

辅助室直接为基本化验室与精密仪器化验室服务。它主要包括以下各室。

1. 中心（器皿）洗涤室

中心（器皿）洗涤室是作为化验室里集中洗涤化验用品的房间。房间的尺寸应根据日常工作量决定，但一般小于一个单间（如 24m²）。洗涤室的位置应靠近基本化验室，室内通常设有洗涤台，其水池上有冷热水龙头以及干燥炉、干燥箱和干燥架等。如采用自动化洗涤机，则应考虑在其周围留有足够空间，以便检修和装卸器皿。工作台面需耐热、耐酸。房间应有良好的排风设备。

2. 中心准备室与溶液配制室

中心准备室一般设有实验台，台上有管线设施、洗涤池和储藏空间。溶液配制室用来配制标准溶液和各种不同浓度的溶液。溶液配制室一般可由两个房间组成。其中一间放置天平台，天平可按两人一台考虑。另一间作存放试剂和配制试剂之用，室内应有通风柜、滴定台、辅助工作台、写字台、物品。

3. 普通储藏室

普通储藏室是指供某一层或化验室专用的一般储藏室，不作为供有特殊毒性或易燃性化学品或大型仪器设备储藏的房间。室内可按实际需要设置 300～600mm 宽的柜子，要求有良好通风，避免阳光直射，应干燥、清洁。

4. 试样制备室

待分析测试的坚实试样，如岩石、煤块等，必须先进行粉碎、切片、研磨等处理，其所用设备既产生振动，又产生噪声，应采取防振与隔声措施。

5. 放射性物品储藏室

有些化验楼中设置有放射性化验室，如同位素等放射性物质大都应放在衬铅的容器里存放，并放置在专门的储藏室里，同时放射性废物也必须保存在单独的储藏室里进行处理。

6. 危险药品储藏室

带有危险性的药品，通常储藏在主体建筑物以外的独立小建筑物内。这种储藏室的入口应方便运输车辆的出入，门口最好与车辆尾部同高，这样室内地面也就与车辆尾部同高。此外，要另设坡道通到一般道路平面，以便化验室人员平时用手推车来取货。

储藏室应结构坚固，有防火门，常年保持通风良好，屋面能防爆，有足够的泄压面积，所有柜子均应由防火材料制作，设计时应参照有关消防安全规定。

7. 蒸馏水制备室

化验室中溶液的配制、器皿的洗涤都要用蒸馏水，蒸馏水可在专门的设备中制取。蒸馏水室的面积一般为 1 间 24m² 左右，可设在顶层，由管道将蒸馏水送往各化验室，也可按层设立小蒸馏水室，也可采用小型蒸馏水设备直接设在化验室里面。

二、化验室的工程管网布置与公用设施

1. 化验室的工程管网布置

① 在满足化验要求的前提下，应尽量使各种管道的线路最短，弯头最少，以利于节约材料和减少阻力。

② 各种管道应按一定的间距和次序排列，以符合安全要求。

③ 管道应便于施工、安装、检修、改装。

2. 工程管网的布置方式

各种管网都由总管、干管和支管三部分组成。总管是指从室外管网到化验室内的一段管道；干管是指从总管分送到各单元的侧面管道；支管是指从干管连接到化验台和化验设备的一段管道。各种管道一般总是以水平和垂直两种方式布置。

（1）干管与总管的布置

① 干管垂直布置。指总管水平铺设，由总管分出的干管都是垂直布置。水平总管可铺设在建筑物的底层，也可铺设在建筑物的顶层。对于高层建筑物，水平总管不仅铺设在底层或顶层，有的还铺设在中间的技术层内。

② 干管水平布置。指总管垂直铺设，在各层由总管分出水平干管。通常把垂直总管设置在建筑物的一端，水平干管由一端通到另一端。

（2）支管的布置

① 沿墙布置。无论干管是垂直布置还是水平布置，如果化验台的一面靠墙，那么，从干管引出的支管可沿墙铺设到化验台。

② 沿楼板布置。如果化验台采用岛式布置，由干管到化验台的支管一般都沿楼板下面铺设，有的支管穿过楼板，向上连到化验台。

3. 采暖

有的地区由于冬季气温较低，化验室必须加装暖气系统以维持适当的室温。但无论是电热加热还是蒸汽加热，均应注意合理布置，避免局部过热。

天平室、精密仪器室和计算机房不宜直接加温，可以通过由其他房间的暖气自然扩散的方法采暖。

4. 空调

对精度要求较高的化验设备，尤其是精密计量、化验仪器或其他精密化验器械及电子计算机，它们对化验室的温度、湿度有较高的要求，这时需要考虑安装空调装置，进行空气调节。空调布置一般有三种方式。

（1）单独空调　在个别有特殊需要的化验室安装窗式空调机，空气调节效果好，可以随意调节，能耗较少，但噪声较大。

（2）部分空调　部分需要空调的化验室，在进行设计的时候把它们集中布置，然后安装适当功率的大型空调机，进行局部的"集中空调"，实现既可部分空调又可降低噪声的目的。

（3）中央空调　当全部化验室都需要空调的时候，可以建立全部集中空调系统，即"中央空调"。集中空调可以使各个化验室处于同一温度，有利于提高检验及测量精度，而且集中空调的运行噪声极低，可以保持化验室环境安静。缺点是能量消耗较大，且不一定能满足个别要求较高的特殊化验室的需要。

5. 化验室供电系统

化验室的多数仪器设备在一般情况下是间歇工作的，也就是说多属于间歇用电设备，但实验一旦开始便不宜频繁断电，否则可能使化验中断，影响化验的精确度，甚至可能导致试样损失、仪器装置破坏以致无法完成实验。因此，化验室的供电线路宜直接由总配电室引出并避免与大功率用电设备共线，以减少线路电压波动。

化验室供电系统设计的时候，要注意下列八个方面。

（1）化验室的供电线路应给出较大宽余量，输电线路应采用较小的载流量，并预留一定的备用容量（通常可按预计用电量增加30%左右）。

（2）各个化验室均应配备三相和单相供电线路，以满足不同用电器的需要。

（3）每个化验室均应设置电源总开关，以方便控制各化验室的供电线路（对于某些必须长期运行的用电设备，如冰箱、冷柜、老化试验箱等，则应专线供电而不应受各室总开关控制）。

（4）化验室供电线路应有良好的安全保障系统。化验室供电线路应配备安全接地系统，总线路及各化验室的总开关上均应安装漏电保护开关，所有线路均应符合供电安装规范，确保用电安全。

（5）要有稳定的供电电压。在线路电压不够稳定的时候，可以通过交流稳压器向精密仪器化验室输送电能，对有特别要求的用电器，可以在用电器前再加二级稳压装置，以确保仪器稳定工作。

（6）避免外电线路电场干扰，必要时可以加装滤波设备排除。

（7）配备足够的供电电源插座。为保证实验仪器设备的用电需要，应在化验室的四周墙壁、化验台旁的适当位置配备必要的三相和单相电源插座。

（8）化验室室内供电线路应采用护套（管）暗铺。

在使用易燃易爆物品较多的化验室，还要注意供电线路和用电器运行中可能引发的危险，并根据实际需要配置必要的附加安全设施（如防爆开关、防爆灯具及其他防爆安全电器等）。

6. 化验室的给水和排水系统

（1）化验室的给水在保证水质、水量和供水压力的前提下，从室外的供水管网引入进水并输送到各个用水设备、配水龙头和消防设施，以满足化验、日常生活和消防用水的需要。

① 直接供水。在外界管网供水压力及水量能够满足使用要求的时候，一般采用直接供水方式，这是最简单、最节约的供水方法。

② 高位水箱供水。属于间接供水，当外部供水管网系统压力不能满足要求或者供水压力不稳定的时候，各种用水设施将不能正常工作，此时就要考虑采用"高位储水槽（罐）"即常见的水塔或楼顶水箱等进行储水，再利用输水管道送往用水设施。

③ 混合供水。通常的做法是对较高楼层采用高位水箱间接供水，而对低楼层采

用直接供水，这样可以降低供水成本。

④ 加压泵供水。由于高位水箱供水普遍存在二次污染问题，对于高层楼房用加压供水已经逐渐普及。此法也可用于化验室，但在单独设置时运行费用较高。

（2）化验室的排水。由于实验的不同要求，化验室需要在不同的实验位置安装排水设施。

① 排水管道应尽可能少拐弯，并具有一定的倾斜度，以利于废水排放。

② 当排放的废水中含有较多的杂物时，管道的拐弯处应预留清理孔，以备不时之需。

③ 排水干管应尽量靠近排水量最大、杂质较多的排水点设置。

④ 注意排水管道的防腐蚀处理，最好采用耐腐蚀的塑料管道。

⑤ 为避免化验室废水污染环境，应在化验室排水总管设置废水处理装置，对可能影响环境的废水进行必要的处理。

进度检查

一、填空题

1. 各种工程管网都由 _____ 、_____ 、_____ 三部分组成。

2. 化验室供水的方式有 _____ 、_____ 、_____ 、_____ 四种。

3. 实验台的设计方式有 _____ 、_____ 两种。

二、简答题

1. 化验室通风有几种方式？设计时要注意什么问题？

2. 化验室仪器设备对电源有什么要求？为什么？

学习单元 3-2 化验室设计

学习目标: 完成本单元的学习之后,能够对化验室的设计内容和过程有所掌握。
职业领域: 化工、石油、环保、医药、冶金、汽车、食品、建材等。
工作范围: 分析检验。

一、化验室设计的内容和过程

建造化验室,从拟订计划到建成使用,一般有编制计划任务书、选择和勘探基地、设计、施工,以及交付使用后的回访等几个阶段。设计工作是其中比较重要的过程,它必须严格执行国家基本建设计划,并且具体贯彻建设方针和政策。通过设计这个环节,把计划中有关设计任务的文字资料内容编制成可以代替化验室建筑的整套图纸。

(一)化验室设计的主要内容

化验室的设计,一般包括化验室建筑设计、结构设计和设备设计等几部分,它们之间既有分工,又相互密切配合。由于建筑设计是建筑功能、工程技术和建筑艺术的综合,因此它必须综合考虑建筑、结构、设备等工种的要求,以及这些工种的相互联系和制约。

建筑设计依据的文件有:

① 主管部门有关建设任务使用要求、建筑面积、单方造价和总投资的批文,以及国家有关部委或各省、市、地区规定的有关设计定额和指标。

② 工程设计任务书。由建设单位根据使用要求,提出各个化验室的用途、面积大小以及其他的一些要求,化验室工程设计的具体内容、面积、建筑标准等都需要和主管部门的批文相符合。

③ 城建部门同意设计的批文。内容包括用地范围以及有关规划、环境等建设部门对拟建化验室的要求。

④ 委托设计工程项目。建设单位根据有关批文向设计单位正式办理委托设计的手续,规模较大的工程还常采用投标方式,委托得标单位进行设计。

设计人员根据上述有关的设计文件,通过调查研究,收集必要的原始数据和勘探设计资料,综合考虑总体规划、基地环境、功能要求、结构施工、材料设备、建筑经济以及建筑艺术等多方面的问题，进行设计并绘制成化验室的建筑图纸，编写主要意图的说明书与图纸说明书，编写各化验室的计算书、说明书以及概算和预算书。

（二）化验室建筑设计的过程和设计阶段

在具体进行化验室建筑平、立、剖面的设计前，需要有一个准备过程，以做好熟悉任务书、调查研究等一系列必要的准备工作。

化验室建筑设计一般分为初步设计、技术设计和施工图设计三个阶段。

由于化验室建筑的建造是一个较为复杂的过程，影响设计和建造的因素有很多，因此必须在施工前有一个完整的设计方案，综合考虑多种因素，编制出一整套设计施工图纸和文件。实践证明，遵循必要的设计程序，充分做好设计前的准备工作，划分必要的设计阶段，对提高化验室的建筑质量是极为重要的。

化验室设计过程和各个设计阶段具体分述如下。

1. 设计前的准备工作

（1）熟悉设计任务书　具体着手设计前，首先需要熟悉设计任务书，以明确化验室建设项目的设计要求。设计任务书的内容有：

① 化验室建设项目总的要求和建造目的的说明；

② 各化验室的具体使用要求、建筑面积以及各类化验室之间的面积分配；

③ 化验室建筑的总投资和单方造价，并说明土建费用、房屋设备费用以及道路等室外设施费用情况；

④ 化验室基地范围、大小，周围原有建筑、道路、地段环境的描述，并附有地形测绘图；

⑤ 供电、供水、采暖和空调等设备的要求，并附有水源、电源接用许可文件；

⑥ 公害处理要求，即对废气、废水、废物、噪声、辐射、振动等的技术处理要求；

⑦ 设计期限和化验室项目的建设进程要求。

设计人员应对照有关定额指标，校核任务书中单方造价、房间使用面积等内容，在设计过程中必须严格掌握建筑标准、用地范围、面积指标等有关限额。同时，设计人员在深入调查和分析设计任务以后，从合理利用使用面积、满足技术要求、节约投资等方面考虑，或从建设基地的具体条件出发，也可对任务书中一些内容提出补充或修改，但须征得建设单位的同意；涉及用地、造价、使用面积的，还须经城建部门或主管部门批准。

（2）收集必要的设计原始数据　通常化验室建设单位提出的设计任务，主要是从自身要求、建筑规模、造价和建设进度方面考虑的，化验室的设计和建造还需要收集下列有关原始数据和设计资料。

① 气象资料：所在地区的温度、湿度、日照、雨雪、风向和风速以及冻土深度等；

② 基地地形及地质水文资料：基地地形标高、土壤种类及承载力，地下水位以及地震情况；

③ 水电等设备管线资料：基地地下的给水、排水、电缆等管线布置以及基地上的架空线路情况；

④ 设计项目的有关定额指标：国家或所在省、市、地区有关化验室设计项目的定额指标，化验室的面积定额，建筑用地、用材等指标。

（3）设计前的调查研究　设计前调查研究的主要内容如下。

① 各化验室的使用要求：深入访问有实践经验的人员，认真调查同类已建化验室的实际使用情况，通过分析和总结，对所设计房屋的使用要求做到心中有数。

② 建筑材料供应和结构施工等技术条件：了解设计化验室所在地区建筑材料供应的品种、规格、价格等情况，预制混凝土制品以及门窗的种类和规格，新型建筑材料的性能、价格以及采用的可能性；结合化验室的使用要求和建筑空间组合的特点，了解并分析不同结构方案的选型，当地施工技术和起重、运输等设备条件。

③ 基地勘探：根据城建部门所划定的设计化验室基地的图纸，进行现场勘探，深入了解基地和周围环境的现状及历史，核对已有资料与基地现状是否符合，如有出入应给予补充或修正。从基地的地形、方位、面积和形状等条件以及基地周围原有建筑、道路、绿化等多方面的因素，考虑拟建化验室的位置和总平面布局的可能性。

④ 当地经验和生活习惯：传统建筑中有许多结合当地地理、气候条件的设计布局和创作经验，根据拟建化验室的具体情况，可以取其精华，以资借鉴。同时在建筑设计中也要考虑到当地的生活习惯以及人们乐于接受的建筑形象。

（4）学习有关方针政策　以及同类型设计的文件、图纸说明。

2. 初步设计阶段

初步设计是化验室建筑设计的第一阶段，它的主要任务是提出设计方案，即在已定的基地范围，按照设计任务书所拟定的化验室的使用要求，综合考虑技术、经济条件和建筑艺术方面的要求，提出设计方案。

初步设计的内容包括确定化验室的组合方式，选定所用建筑材料和结构方案，确定化验室在基地的位置，说明设计意图，分析设计方案在技术上、经济上的合理性，并提出概算书。初步设计的图纸和设计文件如下。

① 建筑总平面。比例尺为 1∶500～1∶2000，内容包括化验室在基地上的位置、标高以及基地上设施的布置和说明。

② 各层平面及主要剖面、立面。比例尺为 1∶100～1∶200，应标出各化验室的主要尺寸，化验室的面积、高度以及门窗位置，部分化验室室内用具和设备的布置。

③ 说明书，说明设计方案的主要意图、主要结构方案及构造特点，以及主要经济技术指标等。

④ 建筑概算书。

⑤ 根据设计任务的需要，可以附上建筑透视图或建筑模型。

建筑初步设计有时可有几个方案进行比较，审核后经有关部门的协议并确定方案批准下达后，这一方案便是二级阶段设计时的施工准备、材料设备订货、施工图编制以及基建拨款等的依据文件。

3. 技术设计阶段

技术设计是建筑设计三阶段的中间阶段。它的主要任务是在初步设计的基础上，进一步确定各化验室之间的技术问题。

技术设计的内容为各化验室相互提供资料、提出要求，并共同研究和协调编制拟建各化验室的图纸和说明书，为各化验室编制施工图打下基础。在三阶段设计中，经过送审并批准的技术设计图纸和说明书等，是施工图编制、主要材料设备订货以及基建拨款的依据文件。

技术设计的图纸和设计文件，要求化验室建筑的图纸标明与技术工种有关的详细尺寸并编制化验室建筑部分的技术说明书，结构工种应有化验室结构布置方案图，并附初步计算说明，仪器设备也应提供相应的设备图纸及说明书。

4. 施工图设计阶段

施工图设计是化验室建筑设计的最后阶段。它的主要任务是满足施工要求，即在初步设料供应、施工技术、设备等条件下，把满足化验室工程施工的各项具体要求反映在图纸中，做到整套图纸齐全统一、明确无误。

施工图设计的内容包括：确定全部工程尺寸和用料，绘制化验室建筑、结构、设备等全部施工图纸，编制化验室工程说明书、结构计算书和预算书施工图。设计的图纸及设计文件如下。

① 建筑总平面图。比例尺为 1：500（化验室建筑基地范围较大时，也可用 1：1000、1：2000），应详细标明基地上化验室建筑物、道路、设施等所在位置的尺寸、标高，并附说明。

② 各层化验室建筑平面、各个立面及必要的剖面。比例尺为 1：100～1：200。

③ 化验室建筑结构节点详图。根据需要可采用 1：1、1：5、1：10、1：20 等比例尺，主要为檐口、墙身和各构件的连接点，楼梯、门窗以及各部分的装饰大样等。

④ 各化验室工种相应配套的施工图。如基础平面图和基础详图、楼板及屋顶平面图和详图、结构构造节点详图等结构施工图。给排水、电器照明及暖气或空气调节等设备施工图。

⑤ 化验室建筑、结构及设备等的说明书。

⑥ 结构及设备的计算书。

⑦ 化验室工程的预算书。

二、化验室建筑设计的基本要求

满足化验室的各种功能要求，为化验创造良好的环境，是化验室建筑设计的首要任务。对化验室设计的要求分述如下。

（一）化验室设计方案要求

1. 化验室名称

（1）化验室房间名称。如无机化学化验室、有机化学化验室、分析化学化验室、物理化学化验室、精密仪器化验室、电子计算机实验室、储存室等。

（2）需要间数。同一类的化验室需要几间，如无机化学化验室需要 5 间，就标明"5"。

（3）每间使用面积。每间使用面积的大小往往与建筑模数相关，应根据当地的施工条件，确定采用何种模数及何种结构形式。如采用模数为 6m×7m 的柱网，则每间使用面积可填 40m² 。

2. 化验室建筑要求

（1）化验室房间位置要求

① 底层：化验室设备重量较大或要求防振的房间，可设置在底层。

② 楼层。

③ 朝向：有些辅助化验室房间或化验室本身要求朝北，多数化验室要求朝南，这就需要具体研究，综合平衡。

（2）化验室房间要求　指化验室本身的要求。

① 一般清洁。

② 洁净：进行化验或实验时要求房间内达到一定的洁净程度。

③ 耐火。

④ 安静：如消声室等。

（3）化验室房间尺寸要求　如按建筑模数排列各化验室，就按模数的倍数填写长、宽、高。如化验室要求空气调节必须吊顶，则层高就相应地要增加。有些化验室属于特殊类型的，则采用单独的尺寸。

（4）门的要求　化验室的门有以下各种要求。

① 门的开向：内开，门向房间内开；外开，有爆炸危险的房间，建议外开。

② 隔声：有的化验室需要安静，要求设置隔声门。

③ 保温：如冷藏室要求采用保温门。

④ 屏蔽：防止电磁场的干扰而设置的屏蔽门。

⑤ 自动门。

（5）窗的要求　化验室的窗有各种要求。

① 开启：指向外开启的窗扇。

② 固定：有洁净要求的化验室可以采用固定窗，以防止灰尘进入室内。

③ 部分开启：在一般情况下窗扇是关闭的，用空气调节系统进行换气，当检修、

停电时，则可以开启部分窗扇进行自然通风。

④ 双层窗：在寒冷地区或有空调要求的房间采用。

⑤ 遮阳：根据化验室的要求而定，有时需用水平遮阳，有时需用垂直遮阳，也可以采用窗帘、百叶窗等遮阳。

⑥ 屏蔽窗。

⑦ 隔声窗。

（6）墙面要求　墙面根据化验室的要求各有不同。

① 一般要求。

② 可以冲洗：有的墙面要求清洁，可以冲洗。

③ 墙裙高度：离地面 1.2～1.5m 的墙面做墙裙，便于清洁。

④ 保温：冷藏室墙面要求隔热。

⑤ 耐酸碱：有的化验室在实验时有酸碱气体逸出，要求设计耐酸碱的油漆墙面。

⑥ 吸声：实验时可能产生噪声，影响周围环境，墙面要用吸声材料。

⑦ 消声：实验时避免声音反射或外界的声音对实验有影响，墙面要进行消声设计。

⑧ 屏蔽：外界各种电磁波对化验室内部实验有影响，或化验室内部发出各种电磁波对外界有影响时，墙面应能屏蔽电磁波的影响。

⑨ 色彩：根据化验室的要求和使室内环境更舒适的原则选用墙面色彩，墙面色彩的选用应该与地面、平顶、化验台等的色彩相协调。

（7）地面要求

① 一般要求。

② 清洁、防滑、干燥等。

③ 防振：一种是实验本身所产生的振动，要求设置防振措施以免影响其他房间；另一种是实验本身或精密仪器本身所提出的防振要求。

④ 防放射性污染。

⑤ 防静电。

⑥ 隔声。

⑦ 架空：由于管线太多或将架空的空间作为静压箱，设置架空地板，并提出架空高度。

（8）吊顶要求

① 不吊顶：一般化验室大多不吊顶。

② 吊顶：在化验室的顶板下再吊顶，一般用于要求较高的化验室。

（9）通风柜要求　化验室常利用通风柜进行各种化学实验，根据实验要求提出通风柜的长度、宽度和高度。

（10）实验台要求　实验台分岛式实验台（实验台四边可用）、半岛式实验台（实验台三边可用）、靠墙式实验台和靠窗式实验台。根据实验要求提出实验台的长、宽、高的要求。

（11）壁柜要求　固定壁柜一般设置在墙与墙之间，是不能移动的柜子。

3. 结构

根据荷载性质可将荷载分为恒载和活荷载两类。恒载是作用在结构上的不变的荷载，如结构自重、土重等；活荷载是作用在结构上的可变荷载，如各楼面活荷载、屋面活荷载、屋面积灰荷载、雪荷载及风荷载等。

（1）地面荷载　指底层地面荷载，即每平方米的面积内平均有多少千克的物体。

（2）楼面荷载　指二层及二层以上的各层楼面荷载。

（3）屋面荷载　屋面上是否要上人，雪荷载有多少等。

（4）特殊设备附加荷载　有的化验室内如果有特别重的设备，必须注明设备的重量、尺寸大小以及标明设备轴心线距离墙的尺寸。

（5）防护墙密度　有 γ 射线实验装置的建筑物，防护墙材料的选择以及其墙厚度的尺寸均应根据化验室的不同要求进行仔细的考虑。防护墙密度是某种材料的密度，如采用普通混凝土，其密度为 $2.3t/m^3$。

（6）地基钻探资料　在设计阶段，必须提供地基钻探资料，以便根据钻探资料进行基础设计。

（7）抗震要求　拟建化验室的地区是否属于抗震区，抗震的等级应在设计方案要求中有所体现。

4. 采暖通风

（1）采暖

① 蒸汽系统：采用蒸汽供暖的系统。

② 热水系统：采用热水供暖的系统。

③ 温度：房间采暖的温度为多少摄氏度。

（2）通风

① 自然通风：不设置机械通风系统。

② 单通风：靠机械排风。

③ 局部排风：如某一化验室产生有害气体或气味等需要局部排风。在有机械排风要求时，最好能提出每小时换气次数。

④ 空调：有些化验室要求恒温恒湿，采用空气调节系统可以保证化验室内的温度和湿度。设计要求应给出温度为多少摄氏度，允许温度为正负多少摄氏度；相对湿度为多少。

⑤ 洁净要求：有些化验室的空气要求保持在一定的洁净度时，则需要提出洁净等级。

5. 气体管道

根据需要选用气体管道，有些化验室需要量特别大的必须注明。气体管道分为氧气、真空、压缩空气及城市煤气等管道。

6. 给排水

（1）给水

① 冷水：采用城市中的自来水或地下水。

② 热水：根据实验要求采用。

③ 去离子水：有些化验室需要去离子水。

④ 水温：要求多少摄氏度。

屋顶水箱：设置水箱，有些实验要求较高，要有一定的水压。有的城市水压不够，要设置水箱。

（2）排水

① 水温：实验时排出的水的温度为多少摄氏度。

② 酸碱性物质：排水中若有酸性物质，应说明其浓度为多少，数量为多少；若排水中有碱性物质，也应说明其浓度为多少，数量为多少。

③ 放射性物质：排水中有放射性物质，要注明有多少种放射性物质，其浓度为多少。

④ 设置地漏：为方便，可以在化验室地面上设置一个排水口。

7. 电

（1）照明用电

① 日光灯。

② 白炽灯。

③ 要求工作面上的照度有多少勒克斯（lx）。

④ 安全照明。

⑤ 事故照明：指万一发生危险情况时需要的照明。

⑥ 明线：电线用外露的形式。

⑦ 暗线：电线采用暗装的形式。

（2）设备用电

① 工艺设备用电量：按每台设备的容量提出数据。

② 供电电压：标明电压是多少伏特（V）。

③ 单相插座：标明插座的电流是多少安培（A）。

④ 三相插座：标明插座的电流是多少安培（A）。

⑤ 特殊设备：应满足大型设备的用电要求。

⑥ 供电路数：根据化验的重要性，提出供电要求（指不能停电、要求电压稳定、频率稳定等）。

8. 防雷

化验室建设地点的雷击情况要调查清楚，提出防雷要求。

（二）各主要化验室对环境的基本要求

一般地说，任何化验室都应该使化验室内的各种仪器设备、装置、化学试剂等免受环境如阳光、温度、湿度、粉尘、振动、磁场等的影响及有害气体的侵入，不同功能的化验室由于实验性质不同，各化验室对环境有其特殊的要求。

1. 天平室

（1）天平室的温度、湿度要求如下。

① 1～2级精度天平，应工作在（20±2）℃，温度波动不大于 0.5℃/h，相对湿度 50%～60% 的环境中。

② 分度值在 0.001mg 的 3～4 级天平，工作温度为 18～26℃，温度波动不大于 0.5℃/h，相对湿度 50%～75%。

③ 一般生产企业化验室常用的 3～5 级天平，在称量精度要求不高的情况下，工作温度可以放宽到 17～33℃，但温度波动仍不大于 0.5℃/h，相对湿度可放宽到 50%～90%。

④ 天平室安置在底层时应注意做好防潮工作。

⑤ 使用电子天平的化验室，天平室的温度应控制在（20±1）℃，且温度波动不大于 0.5℃/h，以避免温度变化对电子元件和仪器灵敏度的影响，保证称量的精确度。

（2）天平室设置应避免阳光直射，不宜靠近窗户安放天平，也不宜在室内安装暖气片及大功率的灯泡（天平室应采用冷光源照明），以避免局部温度的不均匀影响称量精确度。

（3）有无法避免的振动时应安装专用的天平防振台当环境振动影响较大的时候，天平宜安装在底层，以便于采取防振措施。

（4）天平室只能使用抽排气装置进行通风。

（5）天平室应专室专用即使是其他精密仪器，安装时也须用玻璃屏墙分隔，以减少干扰。

2. 精密仪器室

① 精密仪器室尽可能保持温度、湿度恒定，一般温度在 15～30℃，有条件的最好控制在 18～25℃，湿度在 60%～70%，需要恒温的仪器可装双层门窗及空调装置。

② 大型精密仪器应安装在专用化验室，一般有独立平台（可另加玻璃屏墙分隔）。

③ 精密电子仪器以及对电磁场敏感的仪器，应远离强磁场，必要时可加装电磁屏蔽。

④ 化验室地板应致密及防静电，一般不要使用地毯。

⑤ 大型精密仪器室的供电电压应稳定，并应设计有专用地线。

⑥ 精密仪器室应具有防火、防噪声、防潮、防腐蚀、防尘、防有害气体侵入的功能。

3. 化学分析实验室

① 室内的温度、湿度要求较精密仪器室略宽松（可放宽至 35℃），但温度波动不能过大（≤2℃/h）。

② 室内照明宜用柔和自然光，要避免阳光直射。

③ 室内应配备专用的给水和排水系统。

④ 分析室的建筑应耐火或用不易燃烧的材料建成；门应向外开，以利于发生意外时人员的撤离。

⑤ 由于化验过程中常产生有毒或易燃的气体，因此化验室要有良好的通风条件。

4. 加热室

① 加热操作台应使用防火、耐热的防火材料，以保证安全。

② 当有可能因热量散发而影响其他化验室工作时，应注意采用防热或隔热措施。

③ 设置专用排气系统，以排除试样加热、灼烧过程中排放的废气。

5. 通风柜室

① 室内应有机械通风装置，以排除有害气体，并有新的空气供给操作空间。

② 通风柜室的门窗不宜靠近天平室及精密仪器室的门窗。

③ 通风柜室内应配备专用的给水、排水设施，以便操作人员接触有害物质时能够及时清洗。

④ 本室也可以附设于加热室或化学分析室，但排气系统应加强，以免废气干扰其他化验的进行。

6. 电子计算机室

① 配备电子计算机的化验室，除了指明特殊要求的以外，一般使用温度可以控制在 15～25℃ 之间，波动应小于 2℃/h，湿度在 50%～60% 为宜。

② 杜绝灰尘和有害气体，避免电场、磁场和振动干扰。

③ 计算机室对供电电压和频率有一定要求，可根据需要，选用不间断电源。

7. 试样制备室

① 保证通风，避免热源、潮湿和杂物对试样的干扰。

② 设置粉尘、废气的收集和排除装置，避免制样过程中的粉尘、废气等有害物质对其他试样的干扰。

8. 化学试剂溶液的配制储存室

参照化学分析室条件，但需注意避免阳光暴晒，防止受强光照射使试样变质或受热蒸发，规模较小的也可以附设在化学分析室内。

9. 数据处理室

按一般办公室要求，但不要靠近加热室、通风柜室。

10. 储存室

分析试剂储存室和仪器储存室，供存放非危险性化学药品和仪器，要求阴凉通风、避免阳光暴晒，且不要靠近加热室、通风柜室。

11. 危险物品储存室

① 通常应设置在远离主建筑物、结构坚固并符合防火规范的专用库房内。有防火门窗，通风良好，远离火源、热源，避免阳光暴晒。

② 室内温度宜在30℃以下，相对湿度不超过85%。

③ 采用防爆型照明灯具，备有消防器材。

④ 库房内应使用防火材料制作的防火间隔、储物架，储存腐蚀性物品的柜、架，应进行防腐蚀处理。

⑤ 危险试剂应分类分别存放，挥发性试剂存放时，应避免相互干扰。

⑥ 门窗应设遮阳板，并且朝外开。

在实际工作中，应根据化验室工作的需要考虑各种类型的专业化验室的设置，尽可能做到资源的合理应用。

（三）化验室对建筑布局的要求

1. 化验室的尺寸要求

（1）平面尺寸要求　化验室的平面尺寸主要取决于化验工作的要求，并应考虑安全和发展的需要等因素，例如实验台、仪器设备的放置和运行空间，通常情况下，岛式实验台宽度为1.2～1.8m（带工程网时不小于1.4m），靠墙的实验台宽度为0.75～0.9m（带工程网时可增加0.1m），实验台的长度一般是宽度的3～5倍；靠墙的储物架宽度为0.3～0.5m。通道方面，实验台间通道一般为1.5～2.1m，岛式实验台与外墙窗户的距离一般为0.8m。

（2）化验室的高度尺寸

① 化验室操作空间高度不应小于2.5m，考虑到建筑结构、通风设备、照明设施及工程管网等因素，新建的化验室，建筑楼层高度采用3.6m或3.9m。

② 专用电子计算机室工作空间净高一般要求为2.6～3m，加上架空地板（高约0.4m，用于安装通风管道、电缆等）以及装修等因素，建筑高度高于一般化验室。

2. 走廊要求

（1）单面走廊净宽1.5m左右。

（2）双面走廊适用于长而宽的建筑物，中间为走廊，净宽1.82m，当走廊上空布置有通风管道或其他管道时，应加宽为2.4～3.0m，以保证各个化验室的通风要求。

（3）检修走廊宽度一般采用1.5～2.0m。

（4）安全要求较高的化验室需设置安全走廊，一般在建筑物外侧建安全走廊，以便于紧急疏散。安全走廊宽度一般为1.2m。

3. 建筑模数要求

（1）开间模数要求　化验室的开间模数主要取决于化验人员活动空间以及工程管网合理布置的必需尺寸。对于目前常用的框架结构，开间尺寸比较灵活，常用的柱距有4.0m、4.5m、6.0m、6.5m、7.2m等。一般旧式的混合结构为3.0m、3.3m、3.6m。

（2）进深模数要求　化验室的进深模数取决于实验台的长度和其布置形式，即采用岛式还是半岛式实验台，还取决于通风柜的布置形式。目前采用的进深模数有6.0m、6.6m、7.2m或8.4m等。

（3）层高模数要求　化验室层高指相邻两楼板之间的高度，净高是指上层楼板底面至下层楼板面的距离。一般层高采用3.6～4.2m。化验室开间与建筑模数见图3-4。

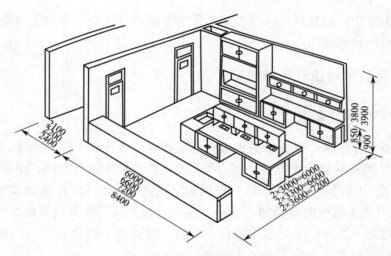

图 3-4　化验室开间与建筑模数（单位 mm）

4. 化验室的朝向

化验室一般应取南北朝向，并避免在东西向（尤其是西向）的墙上开门窗，以防止阳光直射化验室仪器、试剂，影响化验工作的进行。若条件不允许，或取南北朝向后仍有阳光直射室内，则应设计局部遮阳或采取其他补救措施。

在室内布局设计的时候，也要考虑朝向的影响。

5. 建筑结构和楼面载荷

① 化验室宜采用钢筋混凝土框架结构，可以方便地调整房间间隔及安装设备，并具有较高的载荷能力。

② 一般办公大楼的楼板载荷为 $2kN/m^2$，当实际载荷需要超过此数值时，应按实际载荷进行设计。

③ 当化验室需要载荷量较大时，应将其安置在底层。

④ 在非专门设计的楼房内，化验室宜安排在较低的楼层。

⑤ 化验室应使用不脱落的墙壁涂料，也可以镶嵌瓷片（或墙砖），以避免墙灰掉落。

⑥ 化验室的操作台及地面应作防腐处理。对于旧有楼房改建的化验室，必须注意楼板的承载能力，必要时应采取加强措施。

6. 化验室建筑的防火

（1）化验室建筑的耐火等级　应取一、二级，吊顶、隔墙及装修材料应采用防火材料。

（2）疏散楼梯　位于两个楼梯之间的实验室的门至楼梯间的最大距离为30m。走廊末端的化验室的门至楼梯间的最大距离为15m。

（3）走廊净宽　走廊净宽要满足安全疏散要求，单面走廊净宽最小为1.3m，中间走廊净宽最小为1.4m。不允许在化验室走廊上堆放药品柜及其他实验设施。

（4）安全走廊　为确保人员安全疏散，专用的安全走廊净宽应达到1.2m。

（5）化验室的出入口　单开间化验室的门可以设置一个，双开间以上的化验室的门应设置两个出入口，如不能全部通向走廊，其中之一可以通向邻室，或在隔墙上留有安全出入的通道。

7. 采光和照明

精密化验室的工作室，采光系数应取 0.2～0.25（或更大），当采用电气照明时，其照度应达到 150～200lx。

一般工作室采光系数可取 0.1～0.12，电气照明的照度为 80～100lx。

存有感光性试剂的化验室，在采光和照明设计时可以加滤光装置以削弱紫外线的影响。凡可能由于照明系统引发危险性，或有强腐蚀性气体的环境的照明系统，在设计时应采取相应的防护措施，如使用防爆灯具等。

（四）化验室的防振

1. 环境振源

（1）环境振源的分类

① 自然振源。指由于大自然中的各种变化引起的地表振动，如风、海浪和地壳

内部变动等因素引起的振动。自然振源的振幅一般情况下对化验室的仪器设备基本不产生影响。

② 人工振源。由人为因素引起的地表振动称为人工振源，振动常由地表传播，振幅也较大，对仪器的影响情况视仪器的类型和振动的情况也各不相同。

人们把自然振源与人工振源合称为环境振源，在实际工作中对化验影响最大的还是人工振源。

（2）实验仪器和设备的允许振动　在保证仪器设备能够正常工作并达到规定的测量精度的情况下，加上安全系数的考虑后，在其支承结构表面上所容许的最大振动值，称为允许振动。

2. 化验室设计时应考虑的问题

由于不同的环境振源对化验室仪器设备的影响各不相同，因此在进行化验室设计的时候，必须根据振源的性质采取不同的防振措施。

① 在选择化验室的建设基地时，应注意尽量远离振源较大的交通干线，以减少或避免振动对化验室的干扰。

② 在总体布置中，应将所在区域内振源较大的车间（空气压缩站、锻工车间等）合理地布置在远离化验室的地方。

③ 在总体布置中，应尽可能利用自然地形，以减少振动的影响。

④ 在总体布置及进行化验室单体建筑的初步设计时，应先考察所在区域内的振源特点并全面考虑，采取适当的隔振措施以消除振源的不良影响。

3. 化验楼和化验室的隔振

（1）化验楼的整体隔振措施

① 当附近的振动较大时，做防振沟有一定的效果。其应用见图3-5。

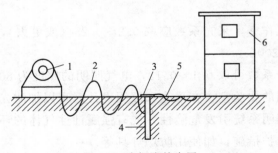

图 3-5　防振沟的应用

1—振源；2—原振动波；3—盖板；4—防振沟；5—次生振动波；6—化验楼

② 在总体设计中遇到振动问题时，可采取下列做法：建筑物四周用玻璃棉作隔振材料，使化验室与室外地表面隔绝，以阻止地面波的影响。这种做法比人工防振沟或防振河道简单、卫生，同时也比较经济。

③ 化验楼内的动力设备房间与化验室相邻时，可设置伸缩缝或沉降缝，也可用

抗震缝将动力设备房间与化验室隔开，这样对振动有一定的隔振效果。

（2）化验楼内的隔振措施　包括消极隔振措施和积极隔振措施。

消极隔振就是为了减少支承结构的振动对精密仪器和设备的影响，而对精密设备采取的隔振措施。消极隔振设计是根据精密仪器的允许振动限值以及动力设备的干扰力，通过计算而选择的隔振措施，而对于无法确定的随机干扰，只能通过现场实测结果来选择隔振措施，以满足精密仪器的正常使用。

消极隔振一般可采用下面两种措施。

① 支承式隔振措施。这种形式构造较简单，自振频率最低可设计成 3～4Hz，适用于外界干扰频率较高的场合，是使用较多的一种措施。

② 悬吊式隔振措施。这种形式构造较复杂，自振频率最低可达 1～2Hz，适用于对水平振动要求较高、仪器设备本身没有干扰振动、外界干扰频率又较低的场合。

积极隔振是为了减少设备产生的振动对支承结构和化验人员造成的影响，而对动力设备采取的隔振措施。对化验楼内产生较大振动的设备应采取积极的隔振措施，可从以下三个方面进行处理。

① 一般采用放宽基础底面积或加深基础，或用人工地基的方法来加强地基刚度。

② 设备基础上加上隔振装置。

③ 建造隔振地坪，在建筑物底层的精密仪器化验室及其他防振要求较高的房间里，构筑质量较大的整体地坪，其下垫粗砂及适当的隔振材料，周围再用泡沫塑料等具有减振和缓冲性的物质使地坪与墙体隔开，作用相当于"室内防振沟"。

（五）化验室的平面系数

在设计过程中经常碰到总建筑面积、建筑面积、使用面积、辅助面积及平面系数（K 值）等指标。总建筑面积是指几幢化验楼建筑面积之和。建筑面积为一幢化验楼各层外墙外围的水平面积之和（包括地下室、技术层、屋顶通风机房、电梯间等）；使用面积是指实际有效的面积；辅助面积是指大厅、走廊、楼梯、电梯、卫生间、管道竖井、墙厚、柱子等面积之和。平面系数＝使用面积/建筑面积，其中，使用面积＝建筑面积－辅助面积。

◢ 进度检查

一、填空题

1. 进行化验室建筑设计的主要内容有_____、_____、_____。

2. 化验室建筑设计分为_____、_____、_____、_____四个过程。

3. 设计化验室时，对其建筑方面有_____、_____、_____、_____、_____、_____、_____、_____、_____、_____等要求。

4. 化验室对环境有特殊要求，一般应免受、_____、_____、_____、

_____、_____、_____、_____等的侵蚀，才能保证化验室工作的顺利进行。

5. 化验室的走廊分为_____、_____、_____、_____走廊。

6. 化验室的振动一般指_____，分为_____和_____振源，允许振动指_____。

7. "进深"取决于实验台的_____和_____，常用的进深模数为_____、_____、_____、_____。

二、简答题

1. 建造化验室的一般过程是什么？

2. 化验室建筑设计有几个过程？具体要求是什么？

3. 化验室防振的主要途径是什么？常用哪些方法？

三、设计题

请参照你所在学校的化验室，做出比较科学的平面布局设计图。

模块 4　计量标准与检定

编号 FJC-27-01

学习单元 4-1　计量标准

学习目标：完成本单元的学习之后，能够了解计量标准的类型、考核基本内容。
职业领域：化工、石油、环保、医药、冶金、汽车、食品、建材等。
工作范围：分析检验。

一、计量标准的命名和类型

我国各种类型的计量标准应按《计量标准命名与分类编码》（JJF 1022—2014）来统一、规范其命名。

根据该规范，计量标准命名的基本类型分为四类：①标准装置；②检定装置；③校准装置；④工作基准装置。

计量标准的类型主要有：社会公用计量标准、部门计量标准、企事业单位的计量标准。

社会公用计量标准是指县级以上地方人民政府计量行政部门组织建立的，作为统一本地区量值的依据，并对社会实施计量监督，具有公证作用的各项计量标准。

部门计量标准是指省级以上人民政府有关主管部门，根据本部门的专业特点或生产上使用的特殊情况建立，在部门内部开展计量检定，作为统一本部门量值的依据的各项计量标准。

企事业单位的计量标准是指企业、事业单位根据生产、科研和经营管理的需要建立的，在本单位开展计量检定，作为统一本单位量值的依据的各项计量标准。

二、计量标准考核

计量标准的考核是对其用于开展计量检定，进行量值传递的资格的计量认证。即计量标准的考核不仅仅是对计量器具检定合格的考核，而是对计量标准器及配套设备、操作人员、环境条件和管理制度等各个方面综合考核认证的总称。它是对计量标准考核批准的量值传递范围的资格认定，因此，计量标准考核是对计量标准进行行政批准建立或法制授权的前提依据。只有经考核合格后，获得计量标准考核证书，才具有相应的法律地位。

计量标准考核程序：申请→申请资料审查→考核的组织→现场考核或函审考核→审批。

建立计量标准的企事业单位须重视计量标准日常管理工作，应建立日常维护管理制度。日常管理制度应包括如下内容。

① 计量标准器及主要配套设备是否增加或更换，是否按周期检定等。

② 计量检定人员是否变化。

③ 计量检定规程是否变化。

④ 计量标准是否有效期满，是否提出复查等申请。

⑤ 计量标准器及主要配套设备的检定证书是否有效期满等。

将变化的情况填入计量标准履历书。对计量标准器在两次周期检定之间进行运行检查、参加量值比对、计量标准稳定度试验、计量标准测量重复性试验等相关材料进行记录和整理，对整个计量标准档案进行归案管理。

计量标准考核证书有效期届满前 6 个月，建标单位应当向主持考核的计量行政部门申请计量标准复查。超过计量标准考核证书有效期仍需继续开展量值传递工作的，应按新建计量标准申请考核。

申请计量标准的复查考核合格，由主持考核的计量行政部门确定延长计量标准考核证书的有效期限（一般为三年）。

复查不合格，由主持考核的计量行政部门通知被复查的单位，办理撤销该计量标准的有关手续。

进度检查

一、填空题

1. 根据 JJF 1022—2014《计量标准命名与分类编码》规范，计量标准命名的基本类型分为四类：其一是_____；其二是_____；其三是_____；其四是_____。

2. 计量标准考核程序：申请→_____→考核的组织→_____→审批。

二、简答题

计量标准日常管理制度应包括哪些内容？

学习单元 4-2 计量检定

学习目标：完成本单元的学习之后，能够掌握计量检定的定义、分类、法制管理、检定系统及检定内容等基本知识。

职业领域：化工、石油、环保、医药、冶金、汽车、食品、建材等。

工作范围：分析检验。

一、计量检定

计量检定是一项法制性很强的工作。它是统一量值，确保计量器具准确一致的重要措施；是进行量值传递或量值溯源的重要形式；是为国民经济建设提供计量保证的重要条件，对计量实行国家监督的手段。它是计量学的一项最重要的实际应用，也是计量部门一项最基本的任务。

1. 计量检定的术语

（1）计量检定的定义 计量检定是指评定计量器具的计量特性，确定其是否符合法定要求。

检定是由计量检定人员利用计量标准，按照法定的计量检定的规程要求，对新制造的、使用中的和修理后的计量器具进行一系列的具体检验活动（包括外观检查在内），以确定计量器具的准确度、稳定度、灵敏度等是否符合规定，是否可供使用，计量检定必须出具证书或加盖印记及封印等，以标志其是否合格。计量检定有以下几个特点。

① 检定对象是计量器具。

② 检定目的是判定计量器具是否符合法定的要求。

③ 检定依据是按法定程序审批发布的计量检定规程。

④ 检定结果是检定必须做出是否合格的结论，并出具证书或加盖印记（合格出具"检定证书"、不合格出具"不合格通知书"）。

⑤ 检定具有法制性，是国家对测量业务实施的一种监督。

⑥ 检定主体是计量检定人员。

（2）计量检定术语 与计量器具的检定类似的计量术语有校准、测试、计量确认等，必须正确理解它们含义并加以区分。

① 校准是指在规定条件下，为确定测量仪器或测量系统所指示的量值，或实物

量具或参考物质所代表的量值，与对应的由标准所复现的量值之间关系的一组操作。校准结果既可赋予被测量以示值，又可确定示值的修正值。校准还可确定其他计量特性，如影响量的作用。校准结果可出具"校准证书"或"校准报告"。

从该定义中可看出，校准与检定一样，均属于量值溯源的一种有效合理的方法和手段，目的都是实现量值的溯源性，但二者有如下区别。

a. 检定是对计量器具的计量特性进行全面的评定；而校准主要是确定其量值。

b. 检定要对该计量器具做出合格与否的结论，具有法制性；而校准并不判断计量器具的合格与否，无法制性。

c. 检定应发加盖检定印记的检定证书或不合格通知书，作为计量器具进行检定的法定依据；而校准发的校准证书或校准报告，只是一种无法律效力的技术文件。

② 测试是指具有试验性质的测量。一般认为，计量器具示值的检定或校准，有规范性的技术文件可依，可以通称为测量或计量，而除此以外的测量，尤其是对不属于计量器具的设备、零部件、元器件的参数或特性值的确定，其方法具有试验性质，一般就称为测试。

③ 计量确认是指为确保测量设备处于满足预期使用要求的状态所需的一组操作。计量确认一般包括校准或检定，各种必要的调整或修理及随后的再校准，与设备预期使用的计量要求相比较以及所要求的封印和标签。只有测量设备已被证实近合于预期使用并形成文件，计量确认才算完成。预期使用要求包括：量值、分辨率、最大允许误差等。

从定义中可以看出，计量确认概念完全不同于传统的"检定"或"校准"，它除了校准含义外，还增加了调整或修理、封印和标签等。

2. 计量检定的分类

计量检定是一项法制性、科学性很强的技术工作。根据检定的必要程序和我国对依法管理的形式，可将检定分为强制检定和非强制检定；按管理环节可分为出厂检定、进口校定、验收检定、周期检定、修后检定、仲裁检定等；按检定次序可分为首次检定、随后校定；按检定数量又可分为：全量检定、抽样检定。

（1）强制检定 强制检定是指由政府计量行政主管部门所属的法定计量检定机构或授权的计量检定机构，对社会公用计量标准器具、部门和企事业单位的最高计量标准器具，用于贸易结算、安全防护、医疗卫生、环境监测方面列入国家强制检定目录的工作计量器具，进行定点定期检定。其特点是由政府计量行政部门统管，指定法定的或授权的技术机构具体进行；固定检定关系、定点送检；检定周期由执行强制检定的技术机构按照计量检定规程来确定。

强检标志：CV（Compulsory Verification of China）。《计量法》对强制检定的规定，不允许任何人以任何方式加以变更和违反，当事人和单位没有任何选择和考虑的余地。

（2）非强制检定 非强制检定是指由计量器具使用单位自己或委托具有社会公用

计量标准或授权的计量检定机构，依法进行的一种检定。

强制检定与非强制检定均属于法制检定，是对计量器具依法管理的两种形式，都要受法律的约束。不按规定进行周期检定的，都要负法律责任。

二、计量检定法制管理

1. 计量器具依法管理

我国计量立法的基本原则之一是"统一立法、区别管理"。这一原则体现在计量检定管理上，就是要从我国的具体国情出发，根据各种计量器具的不同用途以及可能对社会产生的影响程度，加以区别对待，采取不同的法制管理形式，即强制检定和非强制检定。

（1）强制检定

① 强制检定由政府计量行政部门强制实行。任何使用强制检定的计量器具的单位或者个人，都必须按照规定申请检定。不按照规定申请检定或者经检定不合格继续使用的，由政府计量行政部门依法追究法律责任，进行行政处罚。

② 强制检定的检定执行机构由政府计量行政部门指定。被指定单位可以是法定计量检定机构，也可以是政府计量行政部门授权的其他计量检定机构。

③ 强制检定的检定周期，由检定执行机构根据计量检定规程，结合实际使用情况确定。

④ 对强制检定范围内的计量器具实行定点定期检定。

（2）非强制检定　非强制检定是由使用单位对强制检定范围以外的其他依法管理的计量器具自行进行的定期检定。

（3）非强制检定与强制检定的主要区别

① 强制检定由政府计量行政部门实施监督管理；而非强制检定则由使用单位自行依法管理，政府计量行政部门只侧重于对其依法管理的情况进行监督检查。

② 强制检定的检定执行机构由政府计量行政部门指定，使用单位没有选择的余地；而非强制检定由使用单位自己执行，本单位不能检定的，可以自主决定委托包括法定计量检定机构在内的任何有权对外开展量值传递工作的计量检定机构检定。

③ 强制检定的检定周期由检定执行机构规定；而非强制检定的检定周期则在检定规程允许的前提下，由使用单位自己根据实际需要确定。

2. 强制检定与非强制检定计量器具的范围

（1）强制检定的计量器具的范围　根据《中华人民共和国计量法》第九条第一款、《中华人民共和国强制检定工作计量器具检定管理办法》和《中华人民共和国强制检定的工作计量器具目录》（以下简称《目录》），我国实行强制检定的计量器具的范围如下。

① 社会公用计量标准器具。

② 部门和企业、事业单位使用的最高计量标准器具。

③ 用于贸易结算、安全防护、医疗卫生、环境监测等四个方面，并列入《目录》的工作计量器具，共计 55 项 111 种。

④ 用于行政执法监督用的工作计量器具。

⑤ 随着国民经济和科学技术的发展，国家明文公布的工作计量器具，如电话计费器、棉花水分测量仪、验光仪、验光镜片组、微波辐射与泄漏测量仪等。

贸易结算方面强制检定的工作计量器具，是指在国内外贸易活动中或者单位与单位、单位与个人之间直接用于经济结算、并列入《目录》的计量器具。安全防护方面强制检定的工作计量器具，是指为保护人民的健康与安全，防止伤亡事故和职业病的危害，在改善工作条件、消除不安全因素等方面直接用于防护监测，并列入《目录》计量器具。医疗卫生方面强制检定的工作计量器具，是指为保障人民身体健康，在疾病的预防、诊断、治疗以及药剂配方等方面使用，并且列入《目录》的计量器具。环境监测方面强制检定的工作计量器具，是指为保护和改善人民的生活、工作环境和自然环境，在环境质量因素的分析测定中使用，并且列入《目录》的计量器具。

国家公布的强制检定的工作计量器具目录，是从全国的实际出发并考虑社会的发展制定的。各省、自治区、直辖市政府计量行政部门可以根据当地的具体情况，视其使用情况和发展趋势，制定实施计划，积极创造条件，逐步地对其实行管理。

（2）非强制检定的计量器具的范围　1987 年 7 月 10 日，国家计量局发布了《中华人民共和国依法管理的计量器具目录》，该目录是根据《计量法》的调整范围制定的依法管理的计量器具的范围。其中所列各种计量标准和工作计量器具，包括专用计量器具，除了强制检定的以外，其他的均为非强制检定的计量器具。换句话说，就是凡是列入该目录的计量器具，从用途方面考虑，只要不是作为社会公用计量标准、部门和企事业单位的最高计量标准以及用于贸易结算、安全防护、医疗卫生、环境监测四个方面，虽列入强制检定目录，但属于非强制检定的范围。

3. 强制检定的实施

强制检定的实施可分为监督管理和执行检定两个方面。监督管理，按照行政区划由县级以上政府计量部门在各自的权限范围内分级负责；执行检定，采取统一规划、合理分工、分层次覆盖的办法，分别由各级法定计量检定机构和政府计量部门授权的其他检定机构承担。

各级政府计量行政部门在组织落实检定机构时应当遵循的基本原则是"经济合理、就地就近"，既要充分发挥各级法定计量检定机构的技术主体作用，保证检定和执法监督工作的顺利进行；同时也要调动其他部门和企业、事业单位的积极性，打破行政区划和部门管辖的限制，充分利用各方面现有的计量技术条件，创造就地就近检定的条件，方便生产和使用。

4. 非强制检定管理的基本要求

非强制检定的计量器具是企事业单位自行依法管理的计量器具。根据计量法律法规的规定，加强对这一部分计量器具的管理，做好定期检定（周期检定）工作，确保其量值准确可靠，是企事业单位计量工作的主要任务之一，也是计量法制管理的基本要求。为此，各企事业单位应当做好以下基础工作。

① 明确本单位负责计量工作的职能机构，配备相适应的专（兼）职计量管理人员。

② 规定本单位管理的计量器具明细目录，建立在用计量器具的管理台账，制订具体的检定实施办法和管理规章制度。

③ 根据生产、科研和经营管理的需要，配备相应的计量标准、检测设施和检定人员。

④ 根据计量检定规程，结合实际使用情况，合理安排好每种计量器具的检定周期。

⑤ 对由本单位自行检定的计量器具，要制订周期检定计划，按时进行检定；对本单位不能检定的计量器具，要落实送检单位，按时送检或申请来现场检定，杜绝任何未经检定的、经检定不合格的或者超过检定周期的计量器具流入工作岗位。

三、国家计量检定系统

国家计量检定系统是国家计量检定系统表的简称。过去曾称为量传系统，在国际上则称为计量器具等级图。它是国家统一量值的一个总体设计，是国务院计量行政部门统一组织制定颁布的有关检定程序的法定技术文件。我国《计量法》规定，计量检定必须按照国家计量检定系统表进行，明确了其法律地位。检定系统框图格式如图 4-1 所示。

制定检定系统的根本目的是保证工作计量器具具备应有的准确度。在此基础上，考虑到我国国情，量值传递应符合经济合理、科学实用的原则，它既能为各级计量部门在设置机构、设备和人员配备等方面提供依据，也能为研制标准和精密仪器、生产规划和计划提供指导。而且可以指导企、事业单位编制科学合理的检定系统并安排好周期检定。编制好计量检定系统，可用最少的人力、物力，实行全国量值的统一，发挥最大经济效益和社会效益。

四、计量检定规程

计量检定规程属于计量技术法规。它是计量监督人员对计量器具实施监督管理、计量检定人员执行计量检定的重要法定技术检测依据，是计量器具检定时必须遵守的法定文件，所以，《中华人民共和国计量法》中第十条做了明确规定："计量检定必须执行计量检定规程。"

计量检定规程是指评定计量器具的计量特性，由国务院计量行政部门组织、制定并批准颁布，在全国范围内施行，作为确定计量器具法定地位的技术文件。其内容包

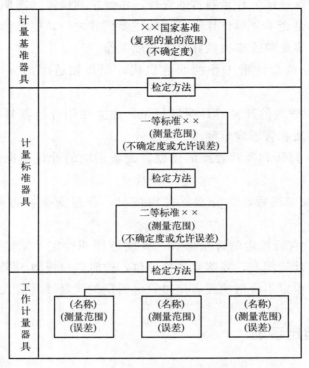

图 4-1　计量器具检定系统框图

括计量要求、技术要求和管理要求，即适用范围、计量器具的计量特性、检定项目、检定条件、检定方法、检定周期以及检定结果的处理和附录等。

计量检定规程的主要作用在于统一检定方法，确保计量器具量值的准确一致。它是协调生产需要、计量基准（标准）的建立和计量检定系统三者之间关系的纽带。这是计量检定规程独具的特性。从某种意义上说，计量检定规程是具体体现计量定义的具体保证，不仅具有法制性，而且具有科学性。因此，我国修订通过了《国家计量检定规程编写规则》（JJF 1002—2010），作为统一全国编写计量检定规程的通则。

部门、地方计量检定规程是在无国家检定规程时，为评定计量器具的计量特性，由国务院有关主管部门或省、自治区、直辖市计量行政主管部门组织制定并批准颁布，在本部门、本地区施行，作为检定依据的法定技术文件。部门、地方计量检定规程如经国家计量行政主管部门审核批准，也可以推荐在全国范围内使用。当国家计量检定规程正式发布后，相应的部门和地方检定规程应即行废止。

五、计量检定的其他内容

1. 检定人员

检定人员是计量检定的主体，在计量检定中发挥着重要的作用。

国家法定计量检定机构的计量检定人员必须经县级以上人民政府计量行政部门考

核合格，并取得计量检定证件，方可从事计量检定工作。被授权单位执行强制检定和法律规定的其他检定、测试任务的计量检定人员，授权单位组织考核；根据特殊需要，也可在授权单位监督下，委托有关主管部门组织考核。无主管单位由政府计量行政部门考核。

2. 计量标准管理

要严格执行建立计量标准中规定的现行有效的计量检定规程的规定，选取计量标准主标准器及主要配套设备。一般选取计量标准器具设备的综合误差（测量不确定度）为被检计量器具允许误差的 $1/10\sim1/3$。

计量标准主标准器及主要配套设备均要经有关法定计量检定机构或授权检定机构检测合格，不得超期使用或不送检。使用过程中，有条件的必须做好检查，以确保量值准确、可靠、一致。计量标准主标准器及主要配套设备经检定或自检，分别贴上彩色标志，合格证（绿色）、准用证（黄色）或停用证（红色）。

3. 检定环境条件

计量检定环境条件应符合现行有效的计量检定规程或技术规范中的要求。也就是按《计量标准考核办法》中考核内容和要求的规定，应该"具有计量标准正常工作所需要的温度、湿度、防尘、防震、防腐蚀、抗干扰等环境条件。"有计标准正常工作所需条件和工作场所，还必须符合建立标准中配备的检定规程要求。

4. 检定原始记录

检定原始记录是对检测结果提供客观依据的文件，是检定过程及检定结果的原始统证，也是编制证书或报告并在必要时再现检定的重要依据。因此，计量检定人员要在检定过程中如实地记录检定时所测量的实际数据。

检定原始记录由检定人员按一定数量或一定时间，汇集分别装订后，分类管理，由计量管理人员统一保管。计量检定原始记录应保存不少于三个检定周期，即符合计量标准证书中有效期的要求，以便用户查询及计量标准复查过程中提供必要的检定原始记录。

5. 计量检定印、证

计量检定印、证按《计量检定印、证管理办法》中有关规定执行。计量器具经检定机构检定后出具的检定印、证，是评定计量器具的性能和质量是否符合法定要求的技术判断和结论，是计量器具能否出厂、销售、投入使用的凭证。

计量检定印、证的种类：检定证书；不合格通知书；检定印记；检定合格证和注销印。

6. 计量检定周期的确定和调整

为了保证计量器具的量值准确可靠，必须按国家计量检定系统表和计量检定规程，对计量器具进行周期检定。

在计量器具检定规程中，一般对需要进行周期检定的计量器具都规定了检定周期。对于不需进行周期检定的计量器具，如体温计、钢直尺等可以在使用前进行一次性检定。

经检定不合格（含超期未检）的计量器具，任何单位或者个人不得使用。

进度检查

一、选择题

1. 检定要对该计量器具做出合格与否的结论，具有（　　）。

A. 法制性　　　　　　B. 不具有法制性

2. 计量标准主标准器及主要配套设备经检定或自检合格，应贴上的彩色标志是（　　）。

A. 黄色　　　　　　　B. 绿色　　　　　　　C. 红色

二、简答题

1. 什么叫计量器具的检定？

2. 计量检定有哪些特点？

学习单元 4-3　量值溯源

学习目标：完成本单元的学习之后，能够掌握量值溯源的基本内容。
职业领域：化工、石油、环保、医药、冶金、汽车、食品、建材等。
工作范围：分析检验。

一、量值传递与量值溯源的定义

量值传递是指通过对计量器具的检定或校准，将国家基准所复现的计量单位量值通过各等级计量标准传递到工作计量器具，以保证对被测对象量值的准确一致。

量值溯源是指通过一条具有规定不确定度的不间断的比较链，使测量结果或测量标准的值能够与规定的参考标准，通常是与国家计量标准或国际计量标准联系起来的特性。量值实现这样的过程，即具有溯源性。

量值溯源与量值传递，从技术上说是一件事情，两种说法。过去我们建立标准时常说："建立起来，传递下去。"这是计量部门主动做的事情。现在国际上要求各生产厂的量值都要有溯源性，这是要求生产厂主动将自己的测量结果与相关的国家标准或国际标准联系起来。其目的都是一样。

近年来，各发达国家为了保证量值的溯源，保证量值的统一，对负责校准的实验室开展了认可。获得认可的实验室，不仅对其用于校准的标准，校准的方法及影响标准的各项因素进行了考核，而且有较完整的质量保证体系。因此，由经过认可的实验室对标准进行校准，能获得可靠的溯源性。我国的社会公用计量标准的考核，类似上述的实验室认可。在我国由法定计量技术机构或经计量行政部门授权的技术机构，对其测量仪器进行检定，也就保证了其溯源性。我国的计量法规定要对企事业单位的最高标准进行考核。这是我国保证获得溯源性的一种有效措施。

二、量值传递的基本方式

目前，实现量值传递（或溯源）的方式有以下 10 种。
① 用实物计量标准进行检定或校准。
② 发放标准物质。
③ 发播标准信号。

④ 发布标准（参考）数据。

⑤ 计量保证方案（MAP）。

⑥ 统一标准方法（参考测量方法或仲裁测量方法）。

⑦ 比率或互易测量。

⑧ 实验室之间比对或验证测试。

⑨ 按国际承认的有关专业标准溯源。

⑩ 按双方同意的互认标准溯源。

其中，用实物计量标准进行检定或校准，是一种传统的量值传递（或溯源）的基本方式，即送检单位将需要检定或校准的计量器具送到建有高一等级实物计量标准的计量技术机构去检定或校准，或者由负责检定或校准的单位派人员将可搬运的实物计量标准带到被检单位进行现场或巡回的检定或校准。对于多数易于搬运的计量器具来说，这种按照检定系统表用实物计量标准进行检定或校准的方式，由于规定具体，易于操作，简单易行，尽管还存在某些弊端，但仍然是目前最主要的、应用最广泛的量值传递（溯源）方式。

进度检查

简答题

1. 什么叫量值传递和量值溯源？
2. 量值传递的基本方式有哪些？

素质拓展阅读

中国古代测绘名家

（1）张衡（78—139）：东汉科学家，字平子，南阳人，画出我国首张星图，创造了浑天仪和地动仪。天文和测绘有关系的。

（2）祖冲之（429—500）：南朝宋齐间科学家，字文远，范阳道人，擅长历数，首次把圆周率准确推算到小数点后六位，比欧洲早一千多年，制成《大明历》，造出指南车，千里船。指南车可以看作是一种测绘仪器。

（3）一行（683—727）：唐朝，天文学家，俗名张遂，昌乐人，在世界第一次发现恒星位置变动的现象，还制成《大衍历》。天文也与测绘有关系。

模块 5　标准的制定与实施

编号 FJC-28-01

学习单元 5-1　标准制定原则

学习目标： 完成本单元的学习之后，能够对标准的制定有一定的了解。
职业领域： 化工、石油、环保、医药、冶金、汽车、食品、建材等。
工作范围： 分析检验。

一、标准制定与修订的一般原则

制定标准是标准化工作过程中的首要环节，也是标准化管理的起点。执行标准化管理，首先要有先进的标准，要有科学合理的标准体系，这是标准工程的物质基础。因此，首先要重视和做好各类标准的制定与修订、审定和发布工作。

制定标准是一项政策性、技术性和经济性都很强的工作。一个标准制定得是否合理，切实可行，直接影响到该标准的实施效果，影响到社会经济效益。因此，制定标准时，必须认真遵守一定的原则和程序。

1. 系统原则

系统原则是指在制定与修订标准时，以系统分解和组合为指导，不只对个别事物加以分析，也要对个别事物有关的各体系进行分析，从中提炼出体系所共有的特性及要求，保持特性的一致性，以保证体系的最佳综合效益。

2. 标准的先进性和合理性原则

标准的先进性，就是采用国际标准和国外先进标准。这些标准综合了当今许多先进的科技成果，反映了目前世界上较先进的技术水平。采用这样的标准，将促进我国科学技术水平的提高，增强我国产品在国际市场上的竞争能力，对扩大外贸出口会发挥重要作用。制定和修订标准时，不仅要考虑到技术的先进性，还应当注重经济的合理性，即应当在提高产品质量的前提下，力求降低成本。

3. 优化原则

优化原则是指要达到最佳的标准化效益。为此，在制定、修订标准时，应尽可能使之达到简化、统一化、组合化和系列化的要求。

(1) 简化　简化的目的是使标准化对象的功能增加，性能提高。其实施方法是在制定标准时有意识地控制产品的品种规格，减少不必要的重复和功能低下的产品品种，使产品形式和结构更加合理精练，同时也为开发新型产品创造条件。它一般是在标准化对象发展到一定规模后，为防止形成复杂的产品品种和规格而进行的。

(2) 统一化　统一化的本质是使标准化对象始终保持一致。在运用统一化工作时，要善于掌握适时和适度的原则。

所谓适时，就是在统一化工作中选择的时机要准确，既不能过早，也不能过迟。标准制定得过早，由于客观事物的矛盾还没有充分暴露，人们的实践经验也不丰富，制定出来的标准就容易缺乏充分的科学依据；标准制定得过迟，由于事物向多样化的自由发展，又会出现许多不必要的不合理的品种、规格，并会使功能低劣的品种类型合法化。实践证明，制定标准的时机最好是在标准化对象的技术较稳定、经济性较好的时候。

所谓适度，就是合理确定统一的范围和水平，从我国的实际情况出发，适当地规定每项要求的定量界限，从而使标准化工作不断地向更高层次发展。

(3) 组合化　组合化是设计出若干组通用性强的单元，根据实际需要从中选取一部分，组合成各种不同的产品，以满足各种条件的变化和要求。实行组合化的关键因素是提高组合单元的通用性和互换性。

(4) 系列化　系列化是指按最佳数列科学排列的方法对产品进行分档或分级，防止形成杂乱无章的标准。

4. 协调原则

协调原则是指在制定、修订标准时，使标准化对象所有相关的要素相互协调一致。协调的内容既有标准化对象的各个大的方面，也有具体参数间的协调，包括概念之间，各种有关标准之间，以及部门、企业之间的协调。

协调原则的具体体现之一是要遵循标准级别之间的从属关系。例如，企业生产的产品，凡是有强制性国家标准、行业标准以及地方标准的，必须按照相关强制性标准来组织生产；如果没有对应的强制性标准，就应当尽可能采用有关推荐性标准。其次是要保持企业内部各标准之间的协调一致，形成和谐的标准化体系。

5. 协商原则

在制定、修订标准时，要注意协商一致。在制定、修订标准的过程中，人们会对标准的内容提出各不相同的要求和意见，这就需要各方面协商，求大同存小异，使标准得到很好的贯彻实施。但是，协商绝不是无原则的妥协，必须善于发挥标准化的导向和调控作用，激励先进，带动后进，以达到普遍提高我国科学技术水平的目的。

二、制定标准的程序

标准的制定和修订有一定的工作程序，只有严格地遵循这些程序，才能保证标准的质量。

1. 确定标准项目与计划

标准项目的确定应用科学的方法来研究决定，根据国内外标准化工作的实践，一般应从以下三个方面考虑。

① 社会生产和活动实践的客观需要。

② 制定国家标准、行业标准时，应符合相关国家标准体系、行业标准体系表的规定要求。

③ 符合标准化工作规划和标准化计划的要求。

标准化工作的规划和标准化计划是在总结过去的基础上，立足现在，展望并预测未来标准化工作的客观需要，拟定目标，安排任务，制定措施后编制出来的。

标准化工作规划一般按三年或五年编制，标准化工作计划一般按年度编制，其内容包括纲要（或说明），标准制（修）订或实施项目和措施等三个部分。

在确定制（修）订标准项目后，应纳入国家、行业或企业的工作计划并付诸实施。

2. 组织标准制（修）订工作组

制（修）订标准的项目确定后，有关主管部门和负责起草单位应根据工作量的大小和难易程度组成一个数量适当的标准制（修）订工作组，并与其签订合同，修订标准。

工作组一般由生产、使用、研究部门或高等院校的代表组成。这些代表应该是熟悉标准化对象，掌握其专业技术和标准化技术的人员。

3. 认真调研，编制工作方案

工作组成立后的第一项工作就是调查研究，摸清情况，这是制（修）订工作方案的基础。

工作组必须深入到具有代表性的科研、生产、管理、流通、使用等单位，全面收集资料、科研成果和生产或工作实践中的技术数据、统计资料等，收集相应的国际标准和国外的先进标准，充分掌握标准化对象的国内外现状和发展方向、使用要求，并在做好上述调研的基础上，编制出切实可行的工作方案。

工作方案一般包括以下内容：

① 项目名称；

② 任务要点；

③ 国内外相应标准及有关科学技术成果的简要说明；

④ 工作步骤及计划进度；

⑤ 参加的工作单位及分工；

⑥ 制（修）订标准过程中可能出现的主要问题及解决措施；

⑦ 标准化技术经济效果预测；

⑧ 经费预算。

4. 编制标准草案（征求意见稿）

标准的指标必须建立在科学的基础上，因此必须认真进行试验验证，确保标准的质量。在完成试验后，就可以根据调查研究的资料和市场或用户要求进行标准草案的编写工作了。

5. 广泛征求意见，确定标准送审稿及其《编制说明书》

为了使标准制（修）订得切实可行，有较高的质量水平，应将标准草案（征求意见稿）发送有关部门，广泛征求意见；也可以召开专门的征求意见座谈会，征求有关人员的意见，对个别重点单位或专家还可以派人专程前往，当面征求意见。

标准制订工作组收到各方面意见后应分类整理，分析研究，采纳合理的意见，对不正确的意见做出解释，对难以确定取舍的分歧意见可作为一个专题研究审查或再次征求有关方面的意见，进行协商，最后确定标准送审稿。

在发送标准草案时，应同时发送《编制说明书》。其内容一般包括：

① 标准项目来源，工作的简要过程；

② 标准编制原则，该标准与现行法规及有关标准之间的关系；

③ 该标准主要内容的确定依据，重要问题的解释说明；

④ 主要的试验分析、技术经济效果预测与论证情况；

⑤ 重大分歧意见的处理经过和依据；

⑥ 贯彻标准的要求和措施建议；

⑦ 参考文件资料目录等。

6. 审查、审定标准，编写标准报批稿与有关报批附件

标准的审查或审定是保证标准质量、提高标准水平的重要程序。审查或审定标准主要从以下六个方面考虑：

① 标准的规定是否与我国现行有关法令、法规及相关标准和谐一致；

② 标准中的内容是否采用了有关的国际标准和国外先进标准；

③ 标准的规定是否有充分的依据，是否是在试验研究和总结实践经验的基础上确定的，是否完整齐全；

④ 各方面的意见是否得到协调解决；

⑤ 贯彻标准的要求、措施建议和过渡办法是否适当；

⑥ 标准的编写是否符合《标准化工作导则　第 1 部分：标准化文件的结构和起草规则》(GB/T 1.1—2020) 中各项规定。

审查要认真听取各方面意见，按科学办事，用数据说话，切忌以权势压制不同意见。

7. 标准的批准和发布

标准必须经过主管机关审批、发布才有效力。标准报批稿及报批所需的各项文件准备好后，应根据标准的级别，按《标准化法》规定的审批权限，报送相应的标准化管理部门审批、编号和发布，明确标准的实施日期。

标准批准、发布后，要公布于众，并立即组织印刷发行，尽快把标准发行到各有关实施部门和单位，使他们在标准实施日期之前做好实施标准的各项准备工作。

8. 标准的修改、补充和定期复审

标准的修改是指在不降低标准技术水平和不影响产品互换性能的前提下，对标准的内容（包括标准名称、条文、参数、符号以及图、表等）进行个别的、少量的修改和补充，而不改变标准的顺序号和发布年代号。

只有标准得到及时的修改和补充，才能适应科学技术和生产实践的发展，节省人力、物力。

国家标准、行业标准、地方标准一般不超过五年，企业标准不超过三年应复审一次，分别予以确认、修订或废止。随着现代科学技术发展的速度越来越快，标准的复审与修订期也在逐步缩短。

进度检查

简答题

1. 制定标准时，必须认真遵守的原则是什么？
2. 制定标准时，必须认真遵守的程序有哪些？

学习单元 5-2　标准化信息

学习目标： 完成本单元的学习之后，能够对标准化信息有一定的基本了解。

职业领域： 化工、石油、环保、医药、冶金、汽车、食品、建材等。

工作范围： 分析检验。

一、标准文献的基本概念

标准文献是指由技术标准、管理标准及其他具有标准性质的类似文件所组成的一种特种文献。

标准文献包括一整套在特定活动领域内必须执行的规定、规范、规则等文件。它要与现代科学技术和生产发展水平相适应，并且随着标准化对象的变化而不断补充、修订、更新换代。

构成标准文献至少应具备三个条件：①标准化工作成果；②必须经过主管机关的批准认可而发布；③要随着科学技术和生产发展的不断更新换代，不断地进行补充、修订或废止。

二、标准文献的收集

标准文献的收集就是通过购买、访求、征集、交换等方式不断收集和补充标准文献资料，逐步建立起自己的标准文献库。

1. 标准文献的收藏范围

技术标准、技术法规、管理标准是标准文献的主体，为了有利于标准信息工作的更好开展，适应标准化事业和生产的需要，标准化信息的藏书范围还应该包括标准化期刊和连续出版物、标准化专著、国家有关标准化的法规、文件、标准化会议文件以及有关的社会经济、科技信息资料。

按照载体形式划分，标准文献可分为印刷型、缩微型、机读型和声像型四类。

（1）印刷型文献即传统的纸张印刷品型文献，是目前一种主要的文献出版形式，其优点是便于阅读流传，不受时间、地点、条件的限制。

（2）缩微型文献也称缩微复制品。在储存和传递信息过程中，采用缩微技术，可节省空间，便于标准文献的保存和处理，标准文献的缩微化，是标准信息工作现代化的发展趋势之一。

（3）机读型文献是指电子计算机可以阅读的文献，主要有磁带、磁盘等，它们能存储大量的信息，并以极快的速度从中取出所需的信息。

（4）声像型文献也称视听文献或直感文献。这种文献用唱片、电影、幻灯片、录像带、录音带等直接记录声音和图像，给人以直接感觉，这类文献对于科学观察、知识传播能起到独特的作用。使用声像型文献时，必须配备有相应的声像设备。

缩微型、机读型和声像型文献在整个科技文献构成中的比重正在日益增大，但在相当长的一段时期内，印刷型标准文献仍将占主导地位。

2. 标准文献的收集原则

收集标准文献的目的在于信息报道和提供使用。因此，收集工作做得好坏，关系到整个信息服务工作的质量，要想做好标准文献的收集，必须遵循下列原则。

（1）目的性原则　不同类型的标准信息部门，由于它们的任务性质不同，服务对象不同，因而收集标准文献的范围重点都有不同的特点和要求。

（2）系统性原则　收集的标准必须配套成龙，完整无缺，才能有较大的保存价值与使用价值。

（3）动态性原则　标准文献有很强的时效性，在收集过程中不但要收集最新版本的标准，而且要特别注意标准修改单、补充单的及时收集，注意浏览国内外标准期刊或通报中有关标准修订、补充和作废的信息，以确保把现行有效的标准提供给用户。

（4）分工协调原则　不同标准信息部门之间藏书建设的分工协调，可以减少重复收集，节省资金，又可增加标准文献品种，提高标准文献利用率。

三、标准文献分类方法

标准文献分类的目的是对标准文献实行科学管理，将其内容系统地揭示出来，便于读者检索使用。标准文献的分类是根据标准化对象的专业性质，参照文献本身的特点，在具有一定体系的分类组织中给每一种标准以相应的位置，并通过一定分类号来反映。

1992 年国际标准化组织（ISO）推荐了一种国际标准分类法（International Classification for Standards，ICS），并决定自 1994 年开始按 ICS 编辑其标准出版物及标准目录。

ICS 便于标准信息的分类、排序，可以用作国际标准、区域标准、国家标准及其他标准文献的目录结构，也可以用于数据库和图书馆中标准与标准文献的分类。可使各级标准文献或信息在全世界得到迅速传播。下面简单介绍其结构和规则。

ICS 采用三级分类，一级类目由 41 个大类组成，分别由两位数字代表，如：

01 综合、术语、标准化、文献

07 数学、自然科学

11 医学卫生技术

13 环境和保健、安全

17 计量学和测量、物理现象

35 信息技术、办公设备

59 纺织和皮革技术

71 化工技术

77 冶金

83 橡胶和塑料工业

二级类目兼顾各类目标准文献量相对平衡，按照通用标准相对集中，专用标准适当分散的原则，有 387 个中类，类号由三位数字代表，如：

71.020 化工生产   71.040 分析化学

71.060 无机化学   71.080 有机化学

三级类目，把中类再细分成 789 个小类，用两位数字代表，如：

71.060.10 化学元素

71.080.20 卤代烃

三级类目数字中间都用圆点隔开。

ICS 法简明、方便，我国自 1997 年 1 月 1 日起，在国家标准、行业标准、地方标准采用 ICS 分类法。

《中国标准文献分类法》于 1984 年 7 月试行，1989 年修订后正式发布执行。是由国家标准化部门组织各方面力量，根据我国标准化工作的实际需要，结合标准文献的特点，参照国内外各种分类法的基础上编制的一部标准文献专用分类法。适用于我国各级标准的分类，其他有关标准文献和资料亦可参照使用。

（1）分类体系与类目设置

① 分类体系原则上由二级组成，一级为主类，主要以专业划分。二级类目采用双位数字表示，每个一级主类之下包含有由 00～99 共 100 个二级类目。二级类目的逻辑划分，用分面标识加以区别。分面标识所概括的二级类目不限于 10 个，这对二级类目起到了范围限定作用，弥补了由于二级类目采取双位数字的编列方法而使类目等级不清的缺点。

分面标识的作用，是用以说明一组二级类目的专业范围。其形式举例如下：

一级类目标识符号→W   表示纺织←一级类目名称

分面标识→W10/19   表示棉纺织←分面标识名称

② 对于类无专属又具有广泛指导意义的标准文献，如综合性基础标准、综合性通用技术等，设综合大类，列在首位，以解决共性集中问题。各大类之下，也有类内的共性集中问题，一般统一列入 00～09 之内，按下述次序编列：

00 标准化、质量管理

01 技术管理

04 基础标准与通用方法

08 标志、包装、运输、贮存

09 卫生、安全、劳动保护

③ 通用标准和专业标准，采取"通用相对集中，专用适当分散"的原则。例如，通用紧固件标准入 J 机械类，航空用特殊紧固件入 V 航空、航天类，纺织机械标准入 W 纺织类，油漆入 G 化工类，绝缘漆入 K 电工类等。

④ 标准情报部门为了细分标准文献的需要，可以采取三级类目扩充方法，即在二级类目标记符号之后加一圆点，再用 0～9 十个数字表示，如 J13 紧固件，如需要细分三级类时，其扩充方法是：

J13　紧固件

J13.0　紧固件综合

J13.1　螺栓

J13.2　螺钉

J13.3　螺母

J13.4　铆钉

J13.5　垫图、挡圈

J13.6　销

（2）标记制度　类目的标记符号采取拉丁字母与阿拉伯数字相结合的方式，即以一个拉丁字母表示一个大类，字母的顺序表示大类的先后次序；以两位数字（00～99）表示二级类目。

24 个大类是：

A　综合

B　农业、林业

C　医药、卫生、劳动保护

D　矿业

E　石油

F　能源、核技术

G　化工

H　冶金

J　机械

K　电工

L　电子元器件与信息技术

M　通信、广播

N　仪器、仪表

P　工程建设

Q　建材

R　公路、水路运输

S　铁路

T　车辆

U　船舶

V　航空、航天

W　纺织

X　食品

Y　轻工、文化与生活用品

Z　环境保护

标记示例

例 1

B　农业、林业

B00/09　农业、林业综合

B00　标准化、质量管理

B01　技术管理

例 2

J10/29　通用零部件

J10　通用零部件综合

J13　紧固件

J16　阀门

进度检查

简答题

1. 什么是标准文献？

2. 标准文献的收集原则是什么？

学习单元 5-3 标准的编写

学习目标：完成本单元的学习之后，能够对标准的编写有一定的了解。
职业领域：化工、石油、环保、医药、冶金、汽车、食品、建材等。
工作范围：分析检验。

标准是一种特定形式的技术文件，为了便于编写、审查和使用，ISO、IEC（国际电工委员会）和各国际标准团体，以及各国标准化机构对编写标准都有一套基本规定，也就是说，都有统一的编写方法。如我国标准的编写必须符合《标准化工作导则 第1部分：标准化文件的结构和起草规则》（GB/T 1.1—2020）。

标准的编写方法是指标准内容的叙述方法、编排方式和各图表、注释的表达方式等。

标准编写得是否正确，直接关系到标准的贯彻，影响到标准之间的交流。因此，我们应该十分重视标准的编写方法。

1. 编写的基本要求

（1）正确 标准中的图样、表格、数值、公式、化学式、计量单位、符号、代号和其他技术内容都要正确无误。

（2）准确 标准的内容表达要准确、清楚，以防止不同人从不同角度产生不同的理解。

（3）简明 标准的内容要简洁明了，通俗易懂。不要使用生僻词句或地方俗语，在保证准确的前提下尽量使用大众化语言，使大家都能正确理解和执行，避免产生不易理解或不同理解的可能性。不易理解之处（或术语）应有注释。

标准中只规定"应"怎么办，"必须"达到什么要求，"不得"超过什么界限等，一般不讲原因和道理，凡能定量表达的都要定量表达。

根据标准内容的具体情况，选择文字，图表或文字和图表并用的表达方式，宜用文字的用文字，宜用图表的用图表。

（4）和谐 首先，编写标准时要注意不能与国家的有关法律法规相违背，相反，应使这些法律法规在标准中得到贯彻。如标准中的计量单位名称、符号要遵守《中华人民共和国计量法》和《关于在我国统一实行法定计量单位的命令》，一律采用中华人民共和国法定计量单位。

其次，编写标准时要与现行的上级、同级有关标准协调一致，要与该标准所属的标准体系表内的标准和谐一致，以充分发挥标准化系统整体功能。

（5）统一　在同一标准中所用的名词、术语、符号、代号要统一，与有关国家标准相一致。

首先，同一个概念应始终用同一名词或术语来表达，不能在一个标准中出现其他同义词，即不能出现一名多物或一物多名的现象。

其次，同级标准的书写格式、章条的划分、幅面大小以及编号方法等都要统一；同类标准的构成、内容编排也要统一，都要符合 GB/T 1.1—2020 的有关规定。

最后，标准中使用的汉字和翻译的外文也要统一，汉字要使用国家正式公布的简化汉字，杜绝错别字。

归纳起来，上述五条基本要求就是：标准的内容应正确，文字要表达得准确、简明、通俗易懂，并做到与国家法规、有关标准协调一致，编写方法必须规范化。

2. 标准主要内容的编写

一般来说，标准都由概述、标准正文和资料性要素三个要素构成，但不是所有标准都包含这三个要素，某一项标准应包括的内容，应根据标准化对象的特征和制定标准的目的而定。

（1）概述部分　包括标准的封面、目次、前言、引言等要素，其内容为介绍标准内容，说明标准背景、标准制定原因、过程及其与相关标准的关系等。

① 封面：我国标准的封面上应写明标准代号、编号、标准名称、标准的发布和实施日期、标准的发布部门等，国家标准封面上还应有国际标准分类号（ICS）。

封面格式及其字体、符号规格按 GB/T 1.1—2020 规定执行。

② 目次：当标准内容较长、条文较多（一般在 15 页以上）时，应编写目次。目次的内容包括条文主要划分单元（一般为章）和附录的编号、标题和所在页码。

③ 前言：每个标准都应有前言，以便标准的使用者正确了解该标准的有关情况。

④ 引言：引言写在首页第一章前面，一般不写标题，也不编号。主要写出关于标准技术内容以及关于制定标准原因的特殊信息说明，但不能包括技术要求。如没有，可省略不写。

（2）标准正文　是标准的主体，规定了标准的要求和必须遵守的条文。它由一般要素和技术要素两部分构成，现简介如下。

① 一般要素包括标准名称、标准范围和引用标准三部分。

标准名称是标准的总标题，应能简明、准确地说明标准的主题，直接反映标准化对象的特征和范围，并使其与其他标准相区别。我国标准名称一般由标准化对象的名称和技术特征两部分组成。

标准范围，即标准规定的主题内容及其适用范围，它作为标准正文的第一章，是标准区别于其他技术文件的重要标志，但不应包含要求。

引用标准是在标准或法规中引用一个或多个标准，以代替详细的规定。

② 技术要素包括术语及定义、符号和缩略语、技术要求和规范性附录等内容。其中技术要求的编写应根据各类标准的结构特点和需要，按照《标准化工作导则》（GB/T 1）等标准规定分别编写。

（3）资料性要素　资料性要素包括资料性附录，条文中的脚注、注释，表注和图注，采用说明的注，参考文献和索引。

① 资料性附录一般编写在标准的附录后，并与标准的附录一起依次编号，如附录 A、附录 B 列入目次。

② 条文中的脚注、注释，表注和图注，采用说明的注。

条文中的脚注只用来对标准条文中某个词汇或某段句子加以解释，从而为读者提供理解该词汇或句子的信息。

条文中的注释是对该条文的解释。一般直接在该条文下方。左起空两格写出"注"字，加冒号"："然后写出注释具体内容。

表注和图注可以包含技术要求。表注，应直接注写在表格的框架内，在"注："后写出注释内容；图注，一般位于图样下方与图名上方之间。每个表或图的注均使用单独的编号顺序。

采用说明的注在等效采用国际标准时，对技术内容的小差异，应在有差异条文处右上角用 1)、2)、3) 顺序编号，并在该条文页面左下方，画一细实线，其长度约为版面宽度的四分之一，在细实线下，左起空两字位置，以"采用说明"为标题按顺序相应说明差异的内容。

③ 参考文献为可选要素。

④ 索引也为可选要素。

✐ 进度检查

简答题

1. 标准编写的基本要求有哪些？
2. 标准一般由哪三个要素构成？

学习单元 5-4　标准的实施

学习目标： 完成本单元的学习之后，能够对标准的实施有基本了解。
职业领域： 化工、石油、环保、医药、冶金、汽车、食品、建材等。
工作范围： 分析检验。

标准的实施是标准制定或修订过程的延续，更是使标准化作用得以充分体现的关键过程。因此，我们应该大力抓好各类标准的实施工作。

1. 实施标准的原则

（1）服从长远利益原则　实施标准，往往会给实施单位增加一些投入，会与当前的生产或工作任务有矛盾。但从长远来看，通过贯彻执行新标准，将使实施单位的技术水平和产品质量得到提高，扩大生产销路，增强产品知名度，增强竞争力，从而获取更大的经济效益。

（2）顾全大局原则　有些标准，比如关于安全、卫生、环境保护方面的标准，从整个社会效益来看利益很大，但从某一局部、某一单位来看，利益不大甚至还要增加开支和工作量，这就要求局部服从整体，要顾全大局。

（3）区别对待原则　贯彻标准要根据不同情况区别对待。如根据企业不同的设备、生产和技术条件，分别实施产品标准中不同质量等级标准，同时全力改善条件，使质量升级。

（4）原则性和灵活性相结合的原则　既要严格贯彻执行标准，同时又要结合实际灵活应用标准，以做好新旧标准的过渡。

2. 实施标准的一般程序和方法

从我国实施各类标准的经验来看，大致上可以分为计划、准备、实施、检查验收、总结五个程序。

（1）计划　实施标准之前，要根据标准贯彻措施建议，结合本部门、本单位的实际情况，制订出实施标准的工作计划或方案。计划内容主要包括贯彻标准的方式、内容、步骤、负责人员、起止时间、要求和目标等。

在制订计划时应该注意到以下四点。

① 除了一些重大的基础标准和产品标准需要专门组织贯彻实施外，一般应尽可能结合或配合其他任务进行标准实施工作。

② 应该按照标准实施的难易程度合理组织人力。

③ 要把实施标准的项目分成若干项具体任务，分配给各有关单位、个人，明确职责，规定起止时间以及相互配合的内容与要求。

④ 要对标准实施后的经济效果进行预测分析，节约开支、避免浪费。

（2）准备　准备工作是实施标准的最重要的环节。只有进行充分的准备，采取有效措施，标准的实施才能得以顺利进行。

标准实施前的准备工作一般有以下四个方面。

① 思想准备。首先要对贯彻的标准有一个正确认识，包括对其重要性的认识。向有关人员宣讲标准的内容；新旧标准的比较、过渡方法；国内外标准水平的对比；贯彻标准的效益；贯彻实施的方法；贯彻过程中可能出现的问题及处理方法等。

② 组织准备。要结合实施标准的实际工作量大小及复杂程度，做好人力和组织安排。

③ 技术准备。技术准备是标准实施的关键，首先要准备好技术资料，相关文书，标准编制说明，实验报告，注意事项等。对其标准中存在的技术准数要组织力量解决，必要时应进行技术改造或技术攻关。

④ 物资准备。标准实施到生产技术活动中，常需要一定的物质条件，如贯彻互换性标准需要相应的刀具、量具、仪器等，贯彻产品标准需要相应的检测设备，贯彻零部件元器件标准需要落实有关的专业协作厂等。

（3）实施　实施就是采取行动把标准规定的内容用于生产、科研、设计和流通领域中，采取有力措施，保证各类标准的实施工作顺利进行。

（4）检查验收　检查验收是标准实施中一项重要环节，它可以促使标准的进一步全面实施。检查验收中，一是要进行图样与技术文件的标准化检查；二是要从产品方案论证开始，一直到产品出厂的各个环节，都应在标准化方面进行检查。比如对系列产品，从产品研制阶段的标准化要求开始检查，这种检查不是图纸文件上的小修小改，而是一种根本性的检查。

通过检查验收，找出标准实施中存在的各种问题，采取相应措施，继续实施标准，如此反复检查几次，促进标准的全面贯彻。

（5）总结　在标准实施工作告一段落时，应对标准实施情况进行全面总结，特别是对存在的问题采取的措施和取得的效果进行分析和评价。

3. 加强领导，分工协作，共同做好标准的贯彻实施工作

（1）标准化行政部门在实施标准中的任务　各级标准化行政部门不仅应该做好标准制定、修订的组织工作，而且应该积极推动并监督标准的贯彻实施。

对重大的、涉及面广的、直接关系人民群众利益的强制性标准，各级标准化行政部门要组织好标准的宣传工作，尽可能使标准为大家熟知、理解，并协调处理好标准实施中发生的问题和纠纷。

对一些跨部门跨行业的标准，要注意做好协调工作，保证标准能全面顺利实施。

（2）行业归口部门在实施标准中的任务　各行业归口部门对有关标准的实施要统筹安排、指导检查。

（3）企事业单位在实施标准中的任务　企事业单位是实施标准的主体和落脚点。对本单位适用的强制性国家标准、行业标准和地方标准，必须认真、严格地组织实施；对推荐性标准，则要从单位实际情况出发确定适宜的实施方式，积极组织实施。对企事业自行制定的标准更应努力实施。

4. 各类不同标准的实施特点

在贯彻实施标准时，不同类型的标准，要根据不同的特点，采取不同的做法。

① 涉及面较广的基础标准贯彻时要抓住"宣、编、改"三环节。"宣"，就是要广泛宣传；"编"，就是要编写标准的介绍材料，帮助有关人员掌握和运用这项标准；"改"，就是认真地把老标准改成新标准，做好新老标准的过渡工作。

② 互换性标准的实施要同时抓相应配套的测试仪器、检具的研究、生产工作。

③ 零部件标准的实施一定要和专业化、技术革新和技术改造紧密结合起来。

④ 产品标准的实施一定要和计量工作、质量管理工作紧密结合起来。

⑤ 安全、卫生和环境保护标准的实施要与贯彻有关法律法规紧密结合起来。

⑥ 农、林、牧、渔业标准的实施要文物并用，灵活推行。

⑦ 企业管理体系标准的实施要与现代企业制度的建立与执行结合起来。

总之，实施标准是一项复杂而又细致的工作，我们应该根据各种标准的内容和特性，采取不同的方式和方法努力贯彻标准，让它们在社会生产和生活中充分发挥其效能和作用。

📐 进度检查

简答题

1. 什么是标准的实施？
2. 实施标准的一般程序有哪些？

学习单元 5-5　标准文献的检索

学习目标：完成本单元的学习之后，能够对标准文献的检索有一定的基本了解。
职业领域：化工、石油、环保、医药、冶金、汽车、食品、建材等。
工作范围：分析检验。

一、标准文献的检索

　　标准文献的检索是根据规定课题，按照一定的标记系统（如主题词、分类号等），从标准文献资料中查找所需标准文献的过程。要检索，就要借助检索工具，检索工具是对一次文献进行分类加工后编制而成的二次文献，可分为手工检索工具和机械检索工具两种。手工检索工具主要是指各种目录、题录、文摘等，需要由人来直接查找。机械检索工具则是指机械穿孔卡片、计算机检索系统、光电检索系统等，它们是借助于力学、电子学、光学等手段来查找的工具。现在大都使用计算机检索及网络检索。

　　(1) 检索方法　标准文献的检索方法可分为三种。即常用法、追溯法和分段法。

　　① 常用法是利用检索工具查找文献的方法。它是目前查找标准文献最常用的一种方法。例如利用各国各机构出版的标准目录、标准化期刊来查找国外标准。

　　② 追溯法是从已有的标准文献中所列出的参考文献或相关标准逐一追查、不断扩检的查找方法。如根据日本 JIS 标准的编制说明、德国 DIN 标准中开列的同时适用的标准编号及名称，可进一步扩大检索线索，查找出对口适用的标准。

　　③ 分段法是上述两种方法的结合。就是先利用检索工具查找出所需的标准，然后再用追溯法查出相关的标准，如此交替使用不断查找下去，因此又称循环法。

　　(2) 检索途径　利用检索工具查找标准文献的途径主要有分类途径、主题途径和号码途径三种。

　　① 分类途径是按照文献所属的学科分类，利用学科名称、专业名称、分类号及分类名进行检索的途径，一般都按分类编排。

　　② 主题途径是通过能表达文献内容的主题词来检索文献的途径，这种索引是按主题词字顺编排，一般附在书本目录后面。

　　③ 号码途径是通过已知标准号码来查找文献的途径，利用书本目录所附的号码索引来进行检索。

（3）检索步骤

① 分析研究课题。弄清楚读者或用户提出的课题的真正意图与其实质所在，是着手查找标准前必不可少的第一步。另外对标准的年代应给予重视，以免造成误用。

② 确定检索范围与检索标志。对课题进行分析后，就要确定检索范围和标志，也就是确定所要查找的课题属于哪个国家、哪种标准、哪个学科和专业。例如"整经机术语"标准就应确定是属于纺织机械类的。

确定检索标志，就是确定检索词。如果采用分类法，就得查出与该课题相关的类和分类号；如果采用主题法，就要确定其课题的主题词。

③ 选定检索工具。确定要利用哪些检索工具，以何种检索工具为重点，一般应首先查找反映馆藏的检索工具，如馆藏目录或卡片等。这样，用户可直接找到原始标准。如果读者外文掌握不够熟练，可先查找国外标准译文目录或卡片。如果查不到，还应去查找原文版国外标准目录，以防漏检。另外，有的读者不知道他要查的是哪个国家的标准，在这种情况下，可先检索该学科或专业比较发达和先进国家的标准，如查国外光学仪器方面的产品标准，可考虑先查德国标准。

在选用有关检索工具时，务必注意下列几个问题：

版本目录不反映最新标准，如 JIS 目录 1986 年版本，只包括 1986 年 3 月 31 日以前发的标准；

中文版译文目录，由于出版周期长，内容较陈旧，所以查了中译本目录之后，应再查原文版最新目录，以免漏检；

注意标准的有效年代，以免误用。

二、标准信息文件的检索实训

本次练习可根据各地实际情况在现场采用判断题、选择题或问答题形式进行。

实训一　识别标准文献的种类。

实训二　说明 ICS 采用的分类方法及其编号形式。

实训三　用主题词检索硫酸有什么国际标准。

实训四　用分类目录检索硫酸有什么国际标准。

实训五　用卡片式检索工具检索有关硫酸制备的标准。

⬛ 进度检查

请在中华人民共和国化工行业标准中检索 1～2 个标准。

学习单元 5-6 企业标准编制与实践

学习目标：完成本单元的学习之后，能够对企业标准编制有一定的基本了解。
职业领域：化工、石油、环保、医药、冶金、汽车、食品、建材等。
工作范围：分析检验。

企业标准化是标准化工作的重要组成部分，它不仅是企业组织生产的重要手段，也是企业进行现代化管理的重要基础工作之一。处在市场经济环境中的企业，了解熟悉标准化，提高标准化意识，认真开展好标准化工作是十分必要的。

一、企业标准化的地位和作用

1. 企业标准化是企业生产、技术和管理活动的依据和基础

企业标准化贯穿于企业生产、技术、管理活动的全过程，涉及市场营销、设计、生产、工艺、设备、检验……直到售后服务等各个环节。标准是进行这些环节工作管理的依据。

2. 企业标准化是提高产品质量的有效途径

在市场经济环境下，企业只有提高产品质量水平才能使产品质量符合顾客的要求，企业的产品才有市场。提高标准水平，可以通过采用国际标准和国外先进标准，也可以制定严于国家标准、行业标准的企业标准。

3. 企业标准化可以引导企业开拓市场

企业根据市场和顾客对产品质量的需求，经过设计开发将其转化为标准，再按标准组织生产，其产品肯定符合市场需要。

4. 标准化能维护企业的合法权益

标准化已经形成了一套完整的法律、法规、规章体系，企业严格按照这些法律法规要求，认真开展标准化工作，不仅能够促进技术进步，提高产品质量，而且能维护企业的合法权益。当企业碰到合同纠纷、产品质量纠纷，还有假冒伪劣产品等问题时可以利用标准化法律法规这个武器进行自我保护。

二、企业标准化工作的基本任务

国家技术监督局于 1990 年制定了《企业标准化管理办法》。该办法指出：企业标准化工作的基本任务是，执行国家有关标准化的法律法规，实施国家标准、行业标准和地方标准；制定和实施企业标准，并对标准的实施进行检查。依照这个规定，企业标准化工作有以下四项基本任务。

1. 贯彻有关标准化法规和方针政策

标准化法规体系是在总结我国 70 年来经济建设、科学技术发展经验，并结合标准化工作实践经验的基础上制定的，是国家法规体系的重要组成部分，是指导全国各行各业开展标准化工作的法规依据。作为企业开展标准化工作的法律依据，企业应当认真贯彻实施，以推动企业标准化工作正常开展。

2. 实施技术法规和各级标准

目前我国对"技术法规"这个概念还没有统一的定义。这里讲的"技术法规"主要是指强制性标准。强制性标准是保证人体健康、人身财产安全的标准和法律、行政法规规定执行的标准。

另外，各省、自治区、直辖市人民政府标准化行政主管部门制定的工业产品的安全、卫生要求的地方标准，在本行政区内是强制性标准。

凡与企业有关的强制性标准，企业必须严格执行。

国家标准、行业标准中的推荐性标准具有一定的先进性、适用性和权威性，企业应当积极贯彻执行。有些企业忽视推荐性标准的重要性和作用，不采用推荐性标准，而是制定一些比推荐性标准水平低的企业标准，这种做法是不正确的。

3. 制定、实施企业标准

（1）企业标准的制定范围 《标准化法》规定：企业生产的产品没有国家标准和行业标准的，应当制定企业标准，作为组织生产的依据，已有国家标准、行业标准的，国家鼓励企业制定严于国家标准或行业标准的企业标准。

（2）企业标准的实施 实施标准是《标准化法》规定的标准化工作的三项任务之一，也是企业标准化活动中的一个关键环节。实施标准，是将本企业所需要的各级各类标准（包括强制性标准）有组织、有计划地贯彻到生产、经营、管理活动中去，使企业的生产、技术和管理工作按标准要求进行。

（3）实施标准的基本原则

① 国家标准、行业标准、地方标准中的强制性标准，企业必须贯彻执行；不符合强制性标准的产品，禁止生产、销售和进口。

② 企业一经采用的推荐性标准，应严格执行。企业生产的产品采用推荐性标准

的，应在合同中约定或产品标识上予以明示，从而受到《民法典》或《产品质量法》的约束，必须严格执行。其他推荐性标准一旦编入企业标准体系表，也应严格执行。

③ 已备案的企业产品标准和其他标准，均应严格执行。企业标准在企业内部都是必须执行的，没有强制性和推荐性之分。

④ 出口产品的技术要求，依照合同的约定执行。出口产品不单独制定标准，其技术要求由双方在合同中约定。

4. 企业实施标准的监督检查

对标准实施进行监督检查，是推动标准实施的重要手段，也是保证标准得以实施的重要措施。对标准实施的监督检查，是指对标准的贯彻执行情况进行督促、检查和处理活动，包括上级有关部门对企业的监督检查和企业的自我监督检查。

企业实施标准的监督检查可以督促企业严格执行标准。通过依法监督检查，可以全面了解标准实施的情况，掌握产品的质量状况，对不执行标准的企业进行督促、帮助，指导企业解决标准执行中存在的问题、促使企业认真严格实施标准。

企业文通标准的监督检查有利于维护标准的严肃性。标准是生产者、经销者以及社会共同遵守的依据，企业声明执行的标准具有法律性质，通过监督检查，可利用舆论的、法律的手段来维护标准的严肃性。

通过监督检查，还可以发现企业标准化工作中存在的问题，从而找出原因加以改进，提高企业标准化工作水平。

企业实施标准监督检查的内容包括，企业生产的产品质量、标识、包装是否符合有关标准的规定；生产过程和各项管理工作，贯彻实施企业标准体系中的有关标准情况；企业研制新产品，进行技术改造，引进技术和设备是否符合国家有关标准化法律、法规、规章和有关强制性标准的要求。

企业实施标准监督检查主要有企业自我监督、政府监督、行业监督和社会监督等四种形式。

三、企业标准化工作管理

企业标准化工作管理是整个企业管理系统中不可缺少的一项管理职能。它既服务于其他各管理系统，同时又是其他各管理系统行使职能的基础和依据。企业标准化管理包括企业标准化管理机构和人员，企业标准化工作职责、规划和计划，企业标准化信息管理，企业标准化人员的培训教育等内容。

1. 企业标准化机构和人员

建立企业标准组织机构，应当根据企业的生产规模、产品品种和标准化工作任务来确定，以能正常开展工作为原则。作为企业标准体系的组成部分，技术标准、管理标准和工作标准之间有着密切的联系，只有设立一个统一的职能机构，才能把各方面的力量组织调动起来，才能建立起适应企业生产经营需要的企业标准化体系。

标准化人员是指在企业专职（或兼职）从事标准化工作的科技人员和管理人员。

2. 企业标准化工作的职责

从企业的最高领导到各岗位人员都在标准化方面具有一定的职责。

（1）企业领导的标准化职责

① 贯彻国家标准化工作的方针、政策、法律、法规、规章，确定标准化工作任务和指标。

② 审批标准化工作计划、规划及其重大问题，批准标准化活动经费。

③ 审批企业标准。

④ 负责对企业标准体系的评定审核。

⑤ 对推动企业标准化工作做出贡献的单位和个人进行表彰奖励，对不认真贯彻标准，造成损失的责任者按规定进行处罚。

（2）标准化机构的职责

① 组织贯彻国家的标准化方针、政策、法律、法规、规章，编制本企业的标准化工作规划、计划。

② 组织制定和修订企业标准，建立健全企业标准体系。

③ 组织实施有关的国家标准、行业标准、地方标准和企业标准。

④ 组织对本企业实施标准的情况的监督检查。

⑤ 参与研制新产品、改进产品、技术改造和技术引进的标准化工作，提出标准化要求，负责标准化审查。

⑥ 做好标准化效果的评价与计算，总结标准化工作经验。

⑦ 统一归口管理各类标准，建立档案，搜集国内外标准化信息资料。

⑧ 对本企业有关人员进行标准化培训、教育，对本企业有关部门的标准化工作进行指导。

⑨ 承担上级委托的有关标准化的其他任务。

（3）各职能部门、车间（标准化组或兼职标准化人员）的职责

① 组织本部门、本车间完成上级下达的标准化工作任务和指标。

② 组织实施与本部门、本车间有关的标准。

③ 按工作标准对所属人员进行考核、奖惩。

3. 企业标准化工作的规划、计划

企业要在总结过去经验的基础上，根据整个企业的长远规划、近期计划及方针目标，拟定标准化工作的长远目标和近期任务，以便有计划地进行科学管理。

企业主要应制定以下几个方面的规划、计划。

① 制定、修订标准项目的规划、计划。

② 标准化科研项目计划，有两方面的内容，一是对制、修订标准本身要进行的

一些研究项目；二是对标准化管理需要进行研究的项目。

③ 实施标准的项目规划、计划，包括实施标准的方式、步骤、内容、负责人员、所需条件、应达到的预期目标等。

④ 采用国际标准的规划、计划，包括采用国际标准（含国外先进标准）的具体项目、工艺措施、重大技术改造、设备更新等内容。

⑤ 标准化培训计划，包括培训时间、对象、内容等。

4. 企业标准化信息管理

在信息时代，标准化信息管理已成为企业信息管理的重要组成部分。

标准化信息管理，就是对标准文献以及其他领域中与标准化相关的信息资料进行有组织、及时地搜集、加工、储存、传递、分析和研究，并提供服务等的一系列活动。

（1）标准化信息的范围　包括企业生产、经营、科研、贸易等方面需要的各种现行有效的各级标准文本；国内外有关的标准化期刊、出版物、专著；国家和地方有关标准化的法律、法规、规章和规范性文件；有关的国际标准、技术法规和国外先进标准的中外文本和其他与本企业有关的标准化信息资料。

（2）标准化信息管理的基本要求　标准化信息管理应具有广泛而稳定的收集渠道；对收集到的信息资料应及时进行分类、整理、登记、编目，做到妥善管理；及时、准确地了解与本企业有关的标准发布、修订、更改和废止的信息和资料，并及时传递给企业内有关部门，做到信息畅通，废止的标准应及时收回；能及时更替、更改本企业收藏的标准资料，保持良好的时效性并建立标准化信息库。

5. 企业的标准化培训教育

企业标准化是一项由企业全员参加的全员性工作，要搞好企业标准化工作，就必须对企业的干部和全体员工进行标准化法律法规和标准化知识的培训教育，提高每个干部、员工的标准化意识和贯彻执行标准的自觉性。

四、企业标准体系及其构成

1. 企业标准体系及其属性

（1）企业标准体系　企业标准体系是企业内的标准按其内在联系形成的科学的有机整体，是随着企业的生产、技术和管理的发展而形成的。

（2）企业标准体系的属性

① 企业标准体系的目的性很明确，它是企业管理总目标的组成部分，并为实现企业总目标服务。建立企业标准体系时一定要围绕实现企业总目标，从企业的实际需要出发，适合本企业的使用。

② 企业标准体系必须由包括各种类型的一定数量的标准组成。孤零零一两个标

准是不能成为体系的，当然也产生不了标准体系所能发挥的效应。标准体系内的标准数量以能满足企业当前实际需要为原则。

③ 企业管理是分层次的，为管理服务的标准也必定要分层次。在企业里，有些事项是对全企业发生作用的，有些事项只是在部分部门或部分车间或部分岗位起作用，如基础标准和通用标准是全企业通用的标准，是居于高层次的共性标准，对企业各类标准的制定起到统一、协调作用。

④ 企业标准体系随着企业生产经营活动的变化而变化，它始终要与企业的生产经营活动相适应。因此，企业标准体系是一个处在动态环境中的动态系统，而不可能是一成不变的。

2. 企业标准体系的构成

（1）企业标准体系的构成 企业内的标准之间存在着功能上的联系，只有将它们按其内在的联系严密地组织起来，才能充分发挥其作用。标准之间的内在联系构成了标准体系，企业内的标准体系越完善，各类标准的作用就会发挥得越充分。

企业标准体系的构成应包含以下内容：

① 能满足企业生产、技术和管理活动所需要的全部标准；

② 与企业生产、经营的方针目标相适应，并围绕方针目标建立标准体系；

③ 要贯彻标准化法律、法规、规章和强制性标准；

④ 贯彻执行有关国家标准和行业标准。

（2）企业标准体系构成的表现形式 企业标准体系包括企业所需要的全部标准，其表现形式是以企业技术标准为主体，包括管理标准和工作（作业）标准，如图 5-1 所示。

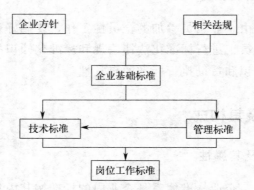

图 5-1 企业标准体系层次结构图

① 综合标准体系是以企业技术标准为核心包括企业管理标准和工作标准在内的全部标准所构成的标准体系。构成综合标准体系的标准体系又称为技术标准分体系（或子体系），管理标准分体系（或子体系），工作标准分体系（或子体系）。

② 技术标准体系是为满足企业技术工作需要而建立起来的全部技术标准所构成的体系，是企业标准体系的主体。

③ 管理标准体系是企业根据其管理工作的需要而建立起来的全部管理标准所构成的体系。

④ 工作标准体系是企业根据其自身实施技术标准和管理标准的需要而建立起来全部工作标准所构成的体系。

进度检查

简答题

1. 什么是企业标准化?

2. 企业标准化管理的内容有哪些?

模块6 质量管理体系标准

编号 FJC-29-01

学习单元 6-1 质量管理的发展

学习目标：完成本单元的学习之后，能够对质量管理的发展有一定的了解。
职业领域：化工、石油、环保、医药、冶金、汽车、食品、建材等。
工作范围：分析检验。

随着现代科学技术的飞速发展，生产和贸易都已跨越了国界，形成了经济全球化的格局。世界各国在加强技术和信息交流的同时，也对产品质量不断提出更新更高的要求。人们为了能持续稳定地获得高质量的产品，不仅更注重产品的自身质量，而且越来越关注产品生产组织的质量管理。

质量管理在现代社会中，随着现代社会生产力和国际贸易的发展而日显重要，世界各国对质量管理理论的探索也日益深化。在管理学领域中，质量管理已成为一枝独秀、方兴未艾的一门软科学。

质量管理作为 20 世纪的一门新兴科学，从现实需要到理论提高再到实践运用，其发展历程大体上经历了质量检验、统计质量控制、全面质量管理 3 个阶段。

1. 质量检验阶段（1920—1940 年）

在这段时期内，世界各国，尤其是经济发展活跃的一些国家，随着工业化的到来，普遍建立了产品质量检验制度，也形成了一支专门从事检验工作的人员队伍，在产品加工过程中和出厂交付前进行质量检验把关。当时的专职检验工作主要是按照各企业或行业编制的文件的规定要求，采取有效的检验方法，对产品进行检验和试验，从而做出合格或不合格的判定。这对保证产品质量，维护工厂信誉起了不小的作用，但是，这些专职检验工作只是使产品的废品、次品没有流向社会，却给工厂造成了损失。所以，在这段时期的发展过程中，人们渴望有种方法可以科学预防不合格产品的形成，以减少经济损失。因此，质量管理就从质量检验阶段逐步发展到了统计质量控制阶段。

2. 统计质量控制阶段（1940—1960 年）

世界各国之所以把统计质量控制阶段的时期划分在 1940—1960 年，是因为在这一时期中，世界各国广泛运用了统计质量控制的主要方法之一——数理统计。

早在 1931 年，美国休哈特、戴明等人已提出了抽样检验的概念，他们首先把数理统计方法引入了质量管理领域。第二次世界大战期间，军事工业得到了迅猛发展，各参战国均认识到武器质量对于战争胜败而言是至关重要的，因而把更多的精力投入到了对武器生产厂商质量管理的研究上。美国国防部组织了统计质量控制的专门研究，明确规定了各种抽样检验的方案，对生产过程中的质量进行控制。控制图也可称为管理图，是统计过程控制（SPC）的重要工具之一，其最大的好处是及时发现过程中的异常现象和缓慢变异等系统误差，预防不合格的发生。这些统计质量控制主要是运用数理统计方法，根据生产过程中质量波动的规律性，及时采取措施，消除产生波动的异常因素，使整个生产过程处于正常的受控状态下，从而以较低的质量成本生产出较高质量的产品。美国国防工业运用统计质量控制的成功经验，不仅使其本身获利，并且带动了各国的民用工业而风靡全球。因此，质量管理就从统计质量控制阶段逐步向全面质量管理阶段发展。

3. 全面质量管理阶段（1960 年至今）

如果说在质量检验阶段，专职检验员为杜绝废品、次品出厂起了重要作用的话，那么，在统计质量控制阶段，数理统计方法的运用可使整个生产过程处于受控制状态之下，从而对减少成批废品、次品的产生起到了一定的预防作用。

但是，随着现代科学技术日新月异的发展，数以亿万计的高科技新产品相继问世，许多投资金额可观、规模特大、涉及人身安全的产品和项目纷纷在 20 世纪下半叶登场亮相，从而促使人们不断更新和发展质量管理概念。随着现代化系统工程科学地应用于管理领域，同时也赋予了质量更新更深刻的内涵，质量管理的活动也从单纯重视生产现场的加工过程向产品形成的前后——采购、销售、服务等全过程延伸；人类工效学的问世，也使人们对质量管理中全员参与、人员素质的重要作用有了更现代化的观念更新。以上各种关于质量管理概念和观念的更新，使得质量管理的发展从 20 世纪 60 年代起进入了第三个阶段——全面质量管理阶段。在全面质量管理过程中，现在应用最广泛的是 ISO 9000 族标准。

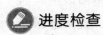 **进度检查**

简答题

质量管理经历了哪几个阶段？

学习单元 6-2　国家标准与国际标准

学习目标：完成本单元的学习之后，能够对国家标准与国际标准有所了解。
职业领域：化工、石油、环保、医药、冶金、汽车、食品、建材等。
工作范围：分析检验。

一、我国的标准

（一）我国的标准分类

我国的标准根据标准发生作用的范围或标准审批机构的层次，分为 5 类，即国家标准、行业标准、地方标准、团体标准、企业标准。

（1）国家标准　对需要在全国范围内统一的技术和品质要求，由国务院标准化行政主管部门制定国家标准。国家标准由国务院标准化行政主管部门国家市场监督管理总局与国家标准化管理委员会制定（编制计划、组织起草、统一审批、编号、发布）。国家标准在全国范围内适用，其他各级别标准不得与国家标准相抵触。

（2）行业标准　对没有推荐性国家标准而又需要在全国某个行业范围内统一的技术要求，可以制定行业标准。由国务院有关行政主管部门制定，报国务院标准化行政主管部门备案。如化工行业标准（代号为 HG）、石油化工行业标准（代号为 SH）由工业和信息化部等制定，建材行业标准（代号为 JC）由国家发展和改革委员会等制定。行业标准在全国某个行业范围内适用。

（3）地方标准　是指在某个省、自治区、直辖市范围内需要统一的标准。《标准化法》规定，没有国家标准和行业标准而又需要在省、自治区、直辖市范围内统一的工业产品的安全卫生要求，可以制定地方标准。地方标准由省、自治区、直辖市标准化行政主管部门制定；并报国务院标准化行政主管部门和国务院有关行政部门备案。在公布国家标准或者行业标准之后，该项地方标准即行废止。

（4）团体标准　国家鼓励学会、协会、商会、联合会、产业技术联盟等社会团体制定团体标准。国务院标准化行政主管部门会同国务院有关行政主管部门对团体标准的制定进行规范、引导和监督。

（5）企业标准　没有国家标准、行业标准和地方标准的产品，企业应当制定相应的企业标准，企业标准应报当地政府标准化行政主管部门和有关行政主管部门备案。企业标准在该企业内部适用。

（二）我国的标准的代号和编号

1. 国家标准的代号和编号

国家标准的代号由大写汉字拼音字母构成。强制性国家标准代号为"GB"；推荐性国家标准的代号为"GB/T"。

国家标准的编号由国家标准的代号、标准发布顺序号和标准发布年代号（4 位数）组成，如图 6-1、图 6-2 所示。

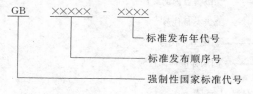

图 6-1　强制性国家标准编号

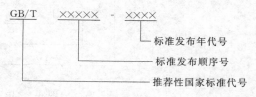

图 6-2　推荐性国家标准编号

2. 行业标准的代号和编号

行业标准的代号和编号由汉字拼音大写字母组成，再加上斜线和 T 组成推荐性行业标准，如××/T。行业标准代号由国务院各有关行政主管部门提出其所管理的行业标准范围的申请报告，国务院标准化行政主管部门审查确定并正式公布该行业标准代号。已经正式发布的行业代号有 QJ（航天）、SJ（电子）、JR（金融系统）等。行业标准的编号由行业标准代号、标准发布顺序号及标准发布年代号（4 位数）组成，如图 6-3、图 6-4 所示。

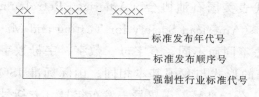

图 6-3　强制性行业标准编号

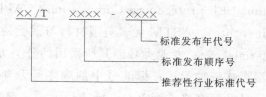

图 6-4　推荐性行业标准编号

3. 地方标准代号

由大写汉语拼音 DB 加上省、自治区、直辖市行政区划代码的前面两位数字（北京市 11、天津市 12、上海市 13 等），再加上斜线和 T 组成推荐性地方标准（DB××/T），不加斜线和 T 为强制性地方标准（DB××）。

4. 企业标准的代号

由汉字大写拼音字母 Q 加斜线再加企业代号组成（Q/×××），企业代号可用大写拼音字母或阿拉伯数字或者两者兼用。

5. 国家标准样品

由国家标准化行政主管部门统一编号，编号由国家标准样品代号（GSB）加《标准文献分类法》的一级类目、二级类目的代号及二级类目范围内的顺序、4 位数年代号相结合的办法，如图 6-5 所示。

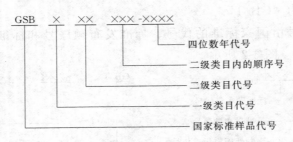

图 6-5 国家标准样品编号

二、国际标准

国际标准是指国际标准化组织（ISO）、国际电工委员会（IEC）和国际电信联盟（ITU）制定的标准，以及国际标准化组织确认并公布的其他国际组织制定的标准。国际标准在世界范围内统一使用。

国际及国外标准号形式各异，但基本结构为：标准代号＋专业类号＋顺序号＋年代号。其中：标准代号大多采用缩写字母，如 IEC 代表国际电工委员会（International Electrotechnical Commission）、API 代表美国石油协会（American Petroleum Institute）、ASTM 代表美国材料与试验协会（American Society for Testing and Materials）等；专业类号因其所采用的分类方法不同而不同，有字母、数字、字母数字混合式三种形式；标准号中的顺序号及年号的形式与我国基本相同。国际标准 ISO 代号及混合格式为 ISO＋标准号＋［一字线＋分标准号］＋冒号＋发布年号（方括号中内容可有可无），例如 ISO 8402：1986 和 ISO 9000—1：1994。

三、 ISO 9000 族标准的产生和发展

第二次世界大战期间，军事工业发展很快，各国政府均认识到武器质量的重要性，迫切需要对生产武器的厂家进行有效的全过程质量的控制。1959 年美国国防部发布 MIL—Q—9858A《质量大纲要求》，可以说，这是世界上最早的有关质量保证方面的标准文件。这个标准要求承包商制定和保存一个与其经营管理、技术规程相一致的有效的和经济的质量保证体系，应在实现合同要求的所有领域和过程（例如设计、研制、制造、加工、装配、检验、试验、维护、装箱、储存和安装）中充分保证质量，并且，还要求企业根据标准要求编制手册。与此同时，美国国防部还发布了

MIL—I—45208A《检验系统要求》，作为生产一般武器的质量保证标准。

军品生产中质量保证活动的经验很快在涉及人身安全的压力容器和核电站等部门得到了推广。1971 年，美国机械工程师学会（ASME）发布了 SDMEM-Ⅲ-NA4000《锅炉与压力容器质量保证标准》，同年，美国国家标准协会（ANSI）借鉴军用标准的制定，发布了 ANSI—N45.2《核电站质量保证大纲要求》。

美国在军品生产方面质量保证活动的成功经验，在世界上产生了很大影响，各工业发达国家很快就加以效仿，在民品生产方面也相继制定了许多质量保证的国家标准。

从 20 世纪 70 年代起，世界各国经济相互合作、相互依赖进一步增强，国际竞争日趋激烈，世界性范围的经济交流也日益频繁，但是，各国在质量管理中所采用的概念、术语、要求均有较大差别。许多经济发达国家先后发布的关于质量管理体系及其审核的标准五花八门，各国标准不一致，开展国际质量认证时，给国际贸易和国际合作带来了许多始料未及的障碍，因此国际上迫切需要将质量管理和质量保证标准统一，ISO 9000 系列标准就这样应运而生，并经历了 1987 版、1994 版、2000 版、2008 版、2015 版五个版本。

四、 2015 版 ISO 9000 族标准简介

1. 2015 版 ISO 9000 族标准的构成

2015 版 ISO 9000 族标准的文件主要由 4 个核心标准、1 个相关标准、6 个技术报告和 2 个小册子等构成，如表 6-1 所示。

表 6-1　2015 版 ISO 9000 族标准文件结构

核心标准	相关标准	技术报告	小册子
ISO 9000 ISO 9001 ISO 9004 ISO 19011	ISO 10012	ISO/TR 10006 ISO/TR 10007 ISO/TR 10013 ISO/TR 10014 ISO/TR 10015 ISO/TR 10017	《质量管理原理　选择和使用指南》 《ISO 9001 在小型企业中的应用指南》

2. 2015 版 ISO 9000 标准主要内容简介

ISO 9000：2015 标准从 2012 年 6 月 ISO 组织启动改版，经过三年多的时间，于 2015 年 9 月正式发布，新版标准不仅在结构上由原来的 8 章节变更为 10 章节，而且在内容上进行了删减与增加，如删减了质量手册、管理者代表和预防措施等，增加了组织的环境管理、风险管理、最高管理者的责任、绩效评估与变更管理和应急措施等。新版标准强调了组织的环境，提出了对风险和机会的应对要求，增强了对领导作用的要求，淡化了对文件的指定性要求，扩大了对利益相关方的关注，更加注重实现

预期的过程结果以增加顾客满意度。

（1）ISO 9000：2015《质量管理体系—基础和术语》 标准阐述了质量管理体系的理论基础和指导思想，确定和统一了术语，明确了标准中基本概念和原则的适用范围，简述了 7 项质量管理原则，规定了 138 个术语，并强调本标准给出的术语和定义适用于所有 ISO/TC 176 起草的质量管理和质量管理体系标准。

（2）ISO 9001：2015《质量管理体系—要求》 分"引言和范围""规范性引用文件""术语和定义""组织环境""领导作用""策划""支持""运行""绩效评价""持续改进"等十章。

（3）ISO 9004：2018《追求组织的持续成功—质量管理方法》 包括"范围""规范性引用文件""术语和定义""组织持续成功的管理""战略和方针""资源管理""过程管理""监视、测量、分析、评审""改进、创新和学习"九章。标准遵循 PDCA 的思路，系统、明确地描述了组织生产经营管理的全部内容，并提出了要达到"持续成功"的指南。

（4）ISO 19011：2018《管理体系审核指南》 对质量管理体系审核提供了指南，包括审核的原则、审核方案的管理和管理体系审核的实施，以及对参与管理体系审核过程的人员的能力提供了评价指南。

进度检查

填空题

1. 我国的标准根据标准发生作用的范围或标准审批机构的层次，将标准分为 4 类，即_____标准、_____标准、_____标准、_____标准。

2. 请说出以下各自符号表示什么意思？

GB ××××—××××

学习单元 6-3 7S 管理与实务

学习目标： 完成本单元的学习之后，能够对 7S 管理与实务有所掌握。
职业领域： 化工、石油、环保、医药、冶金、汽车、食品、建材等。
工作范围： 分析检验。

一、化学实验室管理概述

化学实验室水电气俱有，有大量的化学危险品、大量昂贵的仪器。老师和同学们在实验室工作和学习，实验室的安全关系到各位的切身利益。实验室的安全包括人、财、物的安全。《生产过程危险和有害因素分类与代码》（GB/T 13861—2022）将导致事故的直接原因分为 4 大类，分别是人的因素、物的因素、环境因素以及管理因素，其中管理因素尤为重要。根据美国海因里希（Heinrich）灾害理论模型，化学实验室教学和科研过程中可能发生事故的原因主要为不安全环境和不安全行为。不安全环境是指仪器设备、配套设施等硬件处于不安全状态，包括物理环境因素（如机械设备、压力容器、水源、电源、热源、光源、辐射、振动、噪声等）、化学环境因素（如试剂、烟、火、爆炸、气体）等。不安全行为是指人的不安全因素，如思想上麻痹大意、生理上精神不佳、能力上缺乏必要的技能和知识等。化学实验室试剂种类繁多（酸、碱、盐、氧化剂、还原剂），许多化学药品易燃、易爆、有毒或有腐蚀性，实验教学与研究具有一定的危险性。危险化学品包括：毒害品、易燃品、氧化剂、还原剂、腐蚀品、爆炸品、放射性化学品等七大类。因此加强化学实验室中危险化学品的管理至关重要，它为实验室的安全提供强有力保障。

二、 7S 管理的内涵

1. 整理（Seiri）的含义

将实验室中的化学品以及玻璃仪器区分为要用的与不要用的，把必要的化学品与不必要的化学品明确地、严格地区分开来；不必要的化学品要尽快处理掉，减少安全隐患。实施要领：对自己的工作场所（范围）全面检查，包括看得到和看不到的；制定要和不要的判别基准；将不要的物品清除出工作场所；对需要的物品调查使用频度，决定日常用量及放置位置。

2. 整顿（Seiton）的含义

对整理之后留在现场的必要的物品分门别类放置，排列整齐，明确数量，并进行有效的标识。放置场所：原则上物品的归放地点要完全规定好；要按点、按类、按量保管物品；只放真正需要的物品。标识方法：放置场所和物品原则上一对一标识。

3. 清扫（Seiso）的含义

是将工作环境打扫干净，使工作场所处于无杂物、无干扰的状态。通过清扫，可以发现很多安全隐患。

4. 清洁（Seiketsu）的含义

是进一步的清扫，将工作场所清扫干净。保持工作场所干净、一目了然；是指将整理、整顿和清扫这3个"S"的工作彻底执行，进一步形成制度和标准。

5. 素养（Shitsuke）的含义

是指每天持续做整理、整顿、清扫、清洁。从习惯变成一种思维，从被动变为主动，自觉养成良好的习惯。素养强调的是持续保持良好的习惯。

6. 安全（Security）的含义

注意工作安全，避免发生危险及事故。

7. 节约（Save）的含义

减少企业的人力、成本、空间、时间、库存、物料消耗。

三、 7S 在实验室管理中的实务

推行 7S，要重点加强对实验技术人员的培训，提高化学相关工作者（包括实验技术人员、师生以及在实验室场所的保洁人员）对 7S 管理的认识，通过培训让大家理解 7S 的具体含义，了解如何实施。通过定期培训，让大家了解并且自愿去执行 7S 管理，提高理论水平，最终接受并认可 7S 的管理理念。实施的具体方法如下：

（1）整理　对药品库全面盘点，制定化学试剂清单，根据实验安排分为要用的和不用的，不用的危险化学品（包括快过期的化学试剂）要第一时间进行处理，根据化验室化学品回收的相关要求，统一进行报废处理，腾出储存空间，减少安全隐患。

（2）整顿　对留在药品库的化学品分门别类放置，100％做好标识，一一对应。主要是归类，但是由于化学品的特殊性，在存放时应结合其化学性质，对互为禁忌物的危险化学品隔开放置，如果空间允许可以存放在不同的房间。遇火、遇热、遇潮能发生化学反应，引起燃烧、爆炸或产生有毒气体的危险化学品不得在露天或在潮湿、积水的实验室内存放；受日光照射能发生化学反应，引起自燃、爆炸或产生有毒气体的化学危险品应避光储存。

（3）清扫　将不需要的化学品清除掉，保持药品库和实验室内无杂物，无隐患状态。实验结束后将整个实验室打扫干净，不留死角，尤其是实验过程中残留的化学试剂要彻底清除，对于有毒的化学品和酸碱重金属的废液要及时处理。药品库的主要负责人是实验员，实验室的清扫主要由实验人员轮流值日，应加强实验人员的整洁与安全意识。

（4）清洁　每日安排专人检查实验室与药品库的卫生情况，制定卫生检查标准，形成制度，使实验室管理规范化，标准化。当天实验结束后，由专人将化学品送回到准备室，不允许留在实验室内。收回的化学品归类摆放，排除安全隐患。

（5）素养　化学实验室尤其是国家级化学基础教学示范中心，面对的学生众多，对于化学品的管理除了教师和实验技术人员外，学生是学习以及做实验的主体。因此加强学生的安全意识，让学生规范使用化学品更有利于管理化学品，尤其是危险化学品。只有全员参与并执行，形成习惯，才可以达到良好的效果。

（6）安全　思想改变帮助行为改变，观念加强是改变不安全状态的基础。不安全状态是安全事故发生的根源，状态改善可防止事故发生。安全行为是避免事故的基本准则。

（7）节约　提升作业效率，有效利用企业作业空间，管理物料/消耗品，降低成本。

四、实施 7S 管理的意义

总之，实验室的安全保障依赖于全员的安全意识和自觉行动，也就是要提高相关人员的安全素养。7S 管理不只是一个管理方法，也是一个可以具体执行的行动指南。受众群体不必有专业的知识，就可以去落实，它不需要复杂的原理和技术，是一种低投入，高回报，实用的管理方法，并且这个管理方法可以推而广之。高校化学实验室的管理尤其是对危化品的管理引入企业的 7S 管理方法，可以使实验室的工作更科学化、标准化和制度化，更重要的是可以加强实验室安全，减少安全隐患。

进度检查

简答题

1. 7S 管理的主要内容是什么？
2. 在实验室管理工作中如何做到 7S 管理？

学习单元 6-4 认证与认可

学习目标：完成本单元的学习之后，能够对化验室的认证与认可有所掌握。
职业领域：化工、石油、环保、医药、冶金、汽车、食品、建材等。
工作范围：分析检验。

一、认证制度的起源与发展

1. 认证制度的起源

认证制度是为进行合格认证工作而建立起来的一套程序和管理制度，起源于 19世纪下半叶。最初的认证是以产品的评价为基础的，这种评价开始是由生产者进行的自我评价（第一方）和由产品消费者（第二方）进行的验收评价组成的，随着现代工业的发展及工业标准化的诞生，社会财富越来越丰富，第一方、第二方的评价由于受各自利益影响而存在着一定的局限性。由独立于产销双方不受其经济利益制约的独立第三方，用公正、科学的方法对产品，特别是涉及安全、健康的产品进行评价，并给公众提供一个可靠的保证，已成为市场的需求，于是，由民间自发为适应市场需求而组建的第三方认证机构应运而生。

1903 年，英国首先以国家标准为依据对英国铁轨进行合格认证并授予风筝标志，开创了国家认证制度的先例，并开始在政府领导下开展认证工作的规范性活动。此项活动开展一个世纪以来，不断向深度、广度拓展，包括了产品认证、管理体系认证、实验认证、人员认证等。并且，随着全球经济一体化的趋势，以国际标准为依据的国际认证制度在世界范围内得到迅速发展。

认证制度之所以有生命力，一是因为由独立的技术权威机构按严格的程序做出的评价结论，具有高度的可信性，二是因为认证为法律部门在推动法规实施时提供了帮助，因而取得了政府对认证的依赖。如政府在采购和依法对涉及健康、安全、环境的产品进行强制性管理时，行政部门可直接利用认证结果，这显然大大增加了认证的权威性。

2. 认可制度的形成

由于认证市场的广阔，各类民间从事认证的机构纷纷诞生。这种数量过多、良莠不分的认证机构，使客户无所适从，迫切希望政府出面给予正确管理和规范。

1982 年，英国政府发布了《质量白皮书》，检讨了英国产品在国际市场声誉下降、市场份额越来越小的原因，提出了许多解决问题的具体措施，其中之一就是建立国家认可制度对在英国的认证机构进行国家认可。认可准则采用了 ISO/IEC 指南及英国的补充要求。1985 年，在英国贸工部的授权下，由英国标准化协会（BSI）等 16 个来自政府部门、工业联合会、商会等的代表，组成了英国认证机构国家认可组织（NACCB）。与此对应，还将原校准实验室认可组织（BCS）和检测实验室认可组织（NATLAS）合并成为英国测试实验室国家认可组织（NAMAS），形成了英国国家认可机构和认可体制。1995 年 5 月，为进一步适应国际要求，又将 NACCB 与 NAMAS 合并，成立了英国认可组织 UKAS。

1985 年，英国为加强对审核员的管理，扩大英国在审核人员培训和管理上的影响，由英国质量保证研究所（IQA）牵头组建了英国审核员注册委员会（RBA）。1993 年又将其改为认证审核员国际注册机构（IRQA）。英国认证人员注册工作受控于独立的注册管理委员会，注册工作的宗旨是确认质量管理体系审核员的能力。此外，英国还开展了对培训机构、培训教师及培训教材的注册和审定工作，使这一体系日臻完善。

在英国的影响下，特别是欧共体（现称欧盟）的形成，各国也纷纷建立起本国的国家认可机构，推行国家认可制。加拿大、澳大利亚、新西兰、东盟国家、巴西、印度、美国和日本等也建立起国家认可制度。迄今为止，已有近 40 个国家建立了国家认可制度。

二、认证与认可

1. 认证

（1）认证是指第三方依据程序对产品、过程或服务是否符合规定的要求给予书面保证。

（2）认证的对象是产品、过程或服务；认证应以一个客观的标准作为认证依据。

（3）认证应有一套科学、公正的认证手段（程序），如对企业管理体系的审核和评定、对产品的抽样检验等。

（4）认证活动由第三方实施；认证应有明确的书面保证，如认证证书或认证标志。

2. 认可

（1）认可是指一个权威团体依据程序对一个团体或个人具有从事特定任务的能力给予正式承认。

（2）认可的对象是从事特定任务的团体或个人，如认证机构、审核员、检验机构、实验审核员培训机构。

（3）认可活动必须依据规定的程序和要求进行；认可的实施必须由权威团体进行。

3. 认证和认可的主要区别

(1) 两者的主体不同　认证的主体是具备能力和资格的第三方，由合格的第三方实施认证工作，以保证认证工作的公正性和独立性。认可的主体是权威团体，这里一般是指由政府授权组建的一个组织，具有足够的权威性。

(2) 两者的对象不同　认证的对象是产品、过程或服务，如质量管理体系认证、产品质量认证、环境管理体系认证等。认可的对象是从事特定任务的团体或个人，如检验机构、实验室、管理体系认证机构以及审核员、审核员培训机构等。

(3) 两者的目的不同　认证是符合性认证，以质量管理体系的认证为例，其目的在于质量管理体系认证机构对组织所建的质量管理体系是否符合规定的要求（如 ISO 9000 标准的要求）进行证明。认可是具备能力的证明，即认可机构（如中国的 CNAS）依据规定的程序对质量管理体系认证机构（如 CQC）和质量管理体系审核员是否具备从事质量管理体系认证工作的资格和能力进行考核和证明。

认证和认可都是合格评定活动，即通过直接或间接的活动来确定相关要求是否被满足，如表 6-2 所示。

在我国 ISO 9000 质量管理体系的认证工作中，认可机构是中国合格评定国家认可委员会（CNAS）；认证机构是经认可机构批准建立的机构，在中国开展质量认证的认证机构已有 50 多家，其中中国质量认证中心（CQC）是最早认可、拥有审核员最多、发证数量最多的机构。

表 6-2　各项合格评定的主要活动

主要活动	认可/认证	对象	实施机构
对产品进行抽样、试验和检验	产品质量认证	产品	认证/检验机构
审核和评定组织的质量管理体系	质量管理体系认证	组织的质量管理体系	认证机构
对产品进行抽样，测试产品的环境参数、性能	产品环境标志认证	产品	认证机构
审核和评定组织的环境管理体系	环境管理体系认证	组织的环境管理体系	认证机构
检查和评定检验机构的质量管理体系	检验机构认可	检验机构	认可机构
审核和评定认证机构的质量管理体系	认证机构认可	认证机构	认可机构
评价审核员的能力	审核员资格认可	审核员	认可机构（注册机构）
审核和评定培训课程、培训的质量管理体系	培训课程认可	审核员培训机构	认可机构（注册机构）

(4) 认证活动由第三方实施　认证应有明确的书面保证，如认证证书或认证标志。

三、认证机构简介——CQC

1. 中国质量认证中心（CQC）

中国质量认证中心（China Quality Certification Centre），简称 CQC，是一家实

力很强的认证机构。CQC是中国开展质量认证工作的认证机构，几十年来积累了丰富的国际质量认证工作经验，各项业务均成果卓著，认证客户数量居全国认证机构的首位、全球认证机构的前列。

2. CQC 的主要职责

① 组织实施进出口产品安全认证和质量认证；
② 组织实施第三方质量管理体系（ISO 9000）认证；
③ 组织实施第三方环境管理体系（ISO 14000）认证；
④ 组织实施审核员培训、认证业务培训。

四、认可机构简介——CNAS

1. 名称和组织机构

CNAS是中国合格评定国家认可委员会的英文缩写，英文名称为：China National Accreditation Service for Conformity Assessment。

2. 职责

CNAS是根据国家《中华人民共和国认证认可条例》的规定，由国家认证认可监督管理委员会（CNCA）批准设立并授权的国家认可机构，统一负责对认证机构、实验室和检验机构等相关机构的认可工作。其职责是：

① 按照我国有关法律法规、国际和国家标准及规范等，建立并运行合格评定机构国家认可体系，制定并发布认可工作的规则、准则、指南等规范性文件；

② 对境内外提出申请的合格评定机构开展能力评价，做出认可决定，并对获得认可的合格评定机构进行认可监督管理；

③ 负责对认可委员会徽标和认可标识的使用进行指导和监督管理；

④ 组织开展与认可相关的人员培训工作，对评审人员进行资格评定和聘用管理；

⑤ 为合格评定机构提供相关技术服务，为社会各界提供获得认可的合格评定机构的公开信息；

⑥ 参加与合格评定及认可相关的国际活动，与有关认可及相关机构和国际合作组织签署双边或多边认可合作协议；

⑦ 处理与认可有关的申诉和投诉工作；

⑧ 承担政府有关部门委托的工作；

⑨ 开展与认可相关的其他活动。

中国合格评定国家认可制度在国际认可活动中有着重要的地位，其认可活动已经融入国际认可互认体系，并发挥着重要的作用。

📖 进度检查

一、填空题

1. 产品质量认证的基本条件指＿＿＿＿、＿＿＿＿、＿＿＿＿。

2. 认证的基本程序为＿＿＿＿、＿＿＿＿。

二、简答题

认证和认可有何本质区别？

学习单元 6-5 实验室认可与操作

学习目标： 完成本单元的学习之后，能够对实验室认可与操作有所掌握。
职业领域： 化工、石油、环保、医药、冶金、汽车、食品、建材等。
工作范围： 分析检验。

一、 实验室认可的意义

实验室认可活动发生于 20 世纪 40 年代，以后逐步地扩散发展，并在 70 年代中期产生了第一个地区性的认可机构，至 20 世纪末，诞生了世界性的国际实验室认可组织——国际实验室认可合作组织（ILAC）。

实验室认可是世界科学技术和市场经济不断发展的结果。在世界经济全球化发展的今天，人们对产（商）品质量的要求越来越高。对产（商）品质量检测的期望也越来越高，这就促进了实验室事业的大发展，对实验室工作质量的评估和认可活动也因此得以迅速发展，并且逐步地走向国际化。

由于历史因素的影响，中国实验室事业在某些方面落后于世界先进国家。目前中国已成立中国合格评定国家认可委员会，并且以与世界同样的水平要求对中国的实验室开展认可活动，努力把中国的实验室事业推进到与世界同等的高度。

产品质量认证也对实验室提出了新的要求，因此，实验室获得认可等于向产品获得认证走近了一步，也使企业走向世界更迈进一步。实验室认可也是市场经济发展的要求。

二、实验室认可的基本条件

一个实验室希望获得实验室认可，必须达到《实验室认可规则》（CNAS—RL01：2019）文件规定的要求，并按《实验室认可指南》（CNAS—GL001：2018）的规定，办理认可申报，提交足够的认可申报资料，然后由中国合格评定国家认可委员会（CNAS）进行审查考核，当申报认可的实验室达到规定要求的时候，便可以获得认可。

申报认可的实验室，除了必须具备一般实验室必备的硬件以外，更重要的是必须实行实验室的质量管理，也就是说必须建立实验室质量体系并投入运行，使实验室水平和实验室工作质量得到不断的提高。

事实上，实验室质量体系的建设对实验室总体水平的提高具有很大的促进作用，是实验室认可的重要基础工作。

三、实验室认可的基本程序

1. 申请

我国的实验室认可，除了在计量校准和法定检验机构的实验室实现强制性的认可以外，一般的实验室目前还是采取自愿申报认可的方式，由自愿申报的实验室向CNAS机构提交实验室认可申请书以及相关资料。

(1) 评审准备 CNAS机构在接受实验室的申请书后，首先对申请认可的实验室的申请资料的完整性、规范性进行初审，确认申报实验室的申请准备工作基本符合要求后，再对现场评审正式立项，登记建立档案，选配评审员，组织制定现场评审计划和开始现场评审准备工作。

申报认可的实验室在提交申请书后，应该按CNAS机构的要求提交必需的补充资料，并配合CNAS机构做好各种现场评审活动的准备工作，为现场评审提供方便。

为了使评审申请尽快获得通过，申报认可的实验室应在申报以前，事先认真学习《实验室认可规则》（CNAS—RL01：2019），深入领会《实验室认可规则》和《实验室认可指南》的核心精神，并做好申报的咨询，尽量做到一次就提交足够的认可申报资料，以便CNAS机构充分进行现场评审准备，加快评审进度，有利于评审工作的进行。

(2) 现场评审 CNAS对申报实验室的现场评审，包括以下内容。

① 首次会议。明确现场评审的目的、范围及依据，评审的工作计划、程序、方法、时间安排以及联系方法等，并在现场进行必要的答辩，澄清某些不够明确的问题，以便对认可申请的实验室有进一步的了解。

② 现场参观与评审，根据评审工作计划进行现场的参观、检验评审工作。

③ 现场试验与评价。根据评审工作的需要进行现场的测试或校准工作质量检测，对申报的实验室的实际工作能力和质量保证能力做出鉴定，以确定实验室的实际水平并给予恰当的评价。

2. 批准认可

经过实际的认可审查的考核，对于达到认可条件的实验室，由CNAS机构把相关资料连同评审报告上报CNAS评定工作组，由工作组予以评定。如无异议，再报请国家质量技术监督局颁发批文和认可证书。

3. 监督和复评审

凡获得CNAS认可的实验室，在认可程序完成以后，必须接受CNAS的监督和复评审，以确保认可的有效性。

对于违反《实验室认可规则》（CNAS—RL01：2019）的行为，或者实验室的实际水平有所下降，或发生其他实际情况，适时地对实验室的认可资格提出变更或取消意见，并上报审批和执行。

4. 能力验证

能力验证是对实验室进行现场评审的考核内容之一，旨在检查实验室以及具体工作人员的实际工作能力和质量保证能力，以便对实验室的总体实际水平做出评价。在进行能力验证的时候，申请认可的实验室必须给予充分的合作，以利于验证工作的顺利进行。

能力验证是认可评定的重要工作，在评审和复评审工作过程中都具有重要意义，不可忽视。

进度检查

简答题

1. 何谓实验室认可？
2. 实验室认可基本程序是什么？

模块7 化验室质量保证体系的建立和管理

编号 FJC-30-01

学习单元 7-1 化验室在质量管理中的作用

学习目标：完成本单元的学习之后，能够对化验室在质量管理中的作用有一定的了解。

职业领域：化工、石油、环保、医药、冶金、汽车、食品、建材等。

工作范围：分析检验。

化验室是企业的专职质量检验机构，一方面对企业产品的生产进行质量检验，为企业的生产服务，另一方面产品质量检验是具有法律意义的技术工作，客观上发挥了代表用户对企业生产进行监督和对企业产品进行检查验收的作用。化验室在企业质量管理工作中是一个独立的工作机构，直属企业负责人领导。

由于产品质量检验工作的意义，无论是在传统的质量管理还是在当今社会流行的现代质量管理中，化验室在企业质量管理工作中都有举足轻重的地位。

一、化验室在生产中的质量管理职能

① 认真贯彻国家关于产品（或服务）质量的法律法规和政策，制订和健全本企业有关质量管理、质量检验的工作制度。

② 确立质量第一和为用户服务的思想，充分发挥质量检验对产品质量的保证、预防和报告职能，以保证进入市场的产品符合质量标准，满足用户需要。

③ 参与新产品开发过程的审查和鉴定工作。

④ 严格执行产品技术标准、合同和有关技术文件，负责对生产产品的原材料的进货验收和成品的检验，并按规定签发检验报告。

⑤ 发现生产过程中出现或将要出现大量废品，而尚无技术组织措施的时候，应立即报告企业负责人，并通知质量管理部门。

⑥ 指导、检查生产过程的自检、互检工作，并监督其实施，对违反工艺规程的现象和忽视产品质量的行为，有权提出批评、制止并要求迅速改正，不听规劝者有权拒检其产品，并通知其领导和有关管理部门。

⑦ 认真做好质量检验原始记录和分析工作并按日、周、旬、月、季、年编写质量动态报告，向企业负责人和有关管理部门反馈，异常信息应随时报告。

⑧ 参与对各类质量事故的调查工作，追查原因，按"三不放过"原则组织事故分析，提出处理意见和限期改进要求。遇有重大质量事故，应立即报告企业负责人及上级有关机构。

⑨ 对企业负责人做出的有关产品质量的决定有不同意见的，有权保留意见，并报告上级主管部门。

⑩ 负责发放、管理企业使用的计量器具，做好量值传递工作。对生产中使用的工具、计量器具等，按计量管理规范定期进行内部校准或检定，以保证其计量性能及精确性。对未按期送检定的仪器、仪表、计量装置，有权停止使用。

⑪ 加强自身建设，不断提高检验人员的思想素质、技术素质和工作质量，确保专职检验人员的质量管理前卫作用。

⑫ 加强质量档案管理，确保质量信息的可追溯性。

⑬ 积极研究和推广先进的质量检验和质量控制方法，加速质量管理和检验现代化。

⑭ 积极配合有关部门做好售后服务工作，努力收集用户信息并及时反馈。

⑮ 制订、统计并考核各个生产车间、部门的质量指标，并做出评价。

二、质量检验在质量管理中的作用

1. 质量检验

质量检验是运用一定的方法，测定产品的技术特性，并与规定的要求进行比较，做出判断的过程。

质量检验是化验室的核心工作，也是完成化验室部门职责的基础。通常由如下要素构成。

① 定标：明确技术指标，制订检验方法。

② 抽样：随机抽取样品，使样品对总体具有充分的代表性。如需要进行全数检验，则不存在抽样问题。

③ 测量：对产品的质量特征和特性进行定量的测量。

④ 比较：将测量结果与质量标准进行比较。

⑤ 判定：根据比较结果，对产品进行合格性判定，包括进行适用性判定。

⑥ 处理：对不合格产品做出处理。

⑦ 记录：记录数据，以反馈信息、评价产品和改进工作。

2. 质量检验的职能

（1）保证职能　通过检验，保证凡是不符合质量标准而又为经济适用性判定的不合格品不会流入下道工序或者市场，严格把关，保证质量，维护企业信誉。

（2）预防职能　通过检验，测定工序能力以及对工序状态异常变化的监测，获得必要的信息，为质量控制提供依据，以及时采取措施，预防或减少不合格产品的产生。

（3）报告职能 通过对监测数据的记录和分析，评价产品质量和生产控制过程的实际水平，及时向企业负责人、有关管理部门或上级质量监管机构报告，为提高职工质量意识、改进设计、改进生产工艺、加强管理和提高质量提供必要的信息。

在传统的质量管理中，检验部门实际上只行使了其保证职能，而现代质量管理要求充分发挥质量检验的三职能的作用。

进度检查

一、填空题

质量检验是运用一定的方法，测定产品的＿＿＿＿＿＿，并与规定的要求进行比较，做出判断的过程。

二、简答题

质量检验的职能有哪些？

学习单元 7-2　化验室检验质量保证体系

学习目标： 完成本单元的学习之后，能够对化验室检验质量保证体系有所掌握。
职业领域： 化工、石油、环保、医药、冶金、汽车、食品、建材等。
工作范围： 分析检验。

一、化验室检验质量保证体系

　　自 1987 年 ISO/TC 176（国际标准化组织质量管理和质量保证技术委员会）正式成立以来，相继制定了一系列标准（ISO 9000 族系列标准）。这为各国建立质量体系和质量管理标准提供了借鉴，我国的 GB/T 19000 系列标准就是从 ISO 9000 族系列标准等同转化而来的，其中，《质量管理体系　要求》（GB/T 19001—2016）适用于各种类型、不同规模和提供不同产品的组织，构建化验室检验质量保证体系并使之运行。化验室检验质量保证体系是企业实施全面质量管理（TQC）的重要组成部分，是非常重要和十分必要的。

（一）化验室检验质量保证体系构建的依据

　　化验室检验质量保证体系构建的依据是《质量管理体系　要求》（GB/T 19001—2016）。因为该标准阐述了企业产品最终检验至成品交付的产品检验和试验的质量体系要求，按这些要求建立的质量体系，既要为产品的需要方提供具有对产品最终检验能力的有效证据，也要保证最终产品的检验符合产品的执行标准或相关规定，而且有能力检测出不合格项目并加以处理。该标准强调检验把关，要求企业在进行产品生产的同时要建立一套完善而细致的检验系统，并严格控制系统的人员素质、技术装备等。为了达到上述质量体系的功能和能力，化验室必须建立相应的质量保证体系来保证检验工作或检验结果质量。

（二）化验室检验质量保证体系的基本要素

　　根据《质量管理体系　要求》（GB/T 19001—2016）标准要求，企业在实施全面质量管理（TQC）时，必须建立化验室质量体系和化验室检验系统。化验室质量体系应包括化验室的组织结构、管理程序、管理过程和化验室资源，化验室检验系统主要包括系统的人力资源、仪器设备及材料、文件资料等。化验室检验系统除了按产品执行的标准或相关规定进行产品质量最终检验之外，根据 GB/T 19001—2016 产品实现的策划应与质量管理体系其他过程的要求相一致的原则，既要进行生产过程控制的检验，还要为满足顾客要求、新产品试验等进行检验。要使上述各方面的检验工作和结果质量得到保证，就必须使检验的各个环节质量得到保证，所以，化验室检验质量保证体系的基本要素应包括：检验过程质量保证，检验人员素质保证，检验仪器、设备和环境保证，检验质量申诉处理，检验事故处理五个方面，如图7-1所示。

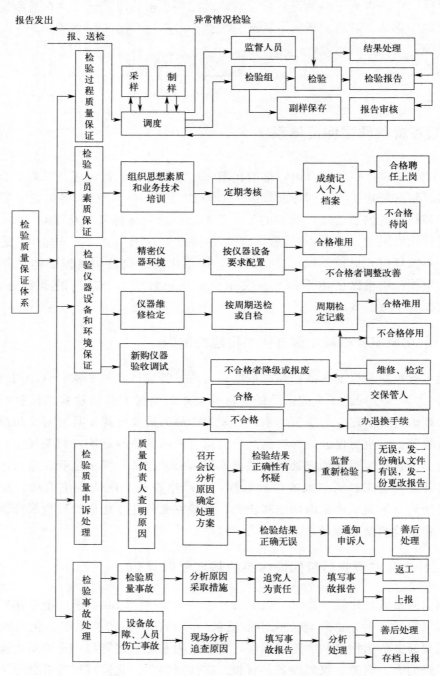

图 7-1　化验室检验质量保证体系框架图

（三）化验室检验质量保证体系的构建

构建化验室检验质量保证体系就是要围绕该体系五个方面的要素，进行管理组织结构的建设；确定相应的管理程序和管理过程；明确各类人员的素质和能力，制订和实施人员培训计划，制订保证体系中各类人员岗位职责；按需要配备相应的检验仪器和设备，制订使用、管理办法；收集和制订需要的技术标准、检验方法和检验操作规程等；创造良好的检验工作环境和仪器设备运行环境；制订检验质量申诉处理和检验事故处理办法；制订化验室检验质量保证体系运行监督和内部评审办法；建立化验室实现量值溯源的程序；综合编制《化验室质量管理手册》。在构建化验室检验质量保证体系中，应注意贯彻国家的方针政策、标准和有关规定，注意与企业的质量方针和质量体系相衔接。同时还要联系化验室自身的实际，力求做到科学、合理、有针对性和实用性、可操作性强。

二、《化验室质量管理手册》的基本内容

编制《化验室质量管理手册》是一项全面和综合的工作。《化验室质量管理手册》应包括以下基本内容：上级组织关于不干预分析检验工作质量评价的公正性声明、关于颁发《化验室质量管理手册》的通知、中心化验室关于分析检验质量评价的公正性声明、法定代表授权委托书、各类人员岗位责任制、计量检测仪器设备的质量控制、分析检验工作的质量控制、原始记录和数据处理、检验报告、日常工作制度等。现举例简单说明如下。

（一）上级组织关于不干预分析检验工作质量评价的公正性声明

×××中心化验室：

根据《中华人民共和国计量法》（索引号：430S00/2019—021784）的规定，即质量评价工作不受外界或领导机构的影响，保证质检机构的第三方公证地位，确保质量评价工作的顺利进行，现特作如下声明：

1. 中心化验室行政上归属公司（企业）领导，但分析检验业务工作是独立的，中心化验室独立对其分析检验结果负责。

2. 公司（企业）及相关部门不以任何方式干预中心化验室的分析检验质量评价工作、质检机构的第三方公证地位。

3. 公司（企业）及相关部门支持中心化验室的分析检验工作和质量评价工作。

4. 适检样品的单位有权向上级单位反映意见。

（二）关于颁发《化验室质量管理手册》的通知

×××公司（企业）中心化验室的任务包括生产中原辅材料、半成品和产品的分析检验，新产品试验等科研和技术培训。其核心任务是通过分析检验工作，对送检样品的质量水平做出公正、科学和准确可靠的评价。为保证这一任务的完成，

确保分析检验工作的质量我们认真地结合中心化验室的实际工作情况，以《质量管理体系　要求》（GB/T 19001—2016）标准要求和强调为依据，在大量的调查研究基础上组织专人编制了中心化验室《化验室质量管理手册》。

本手册汇集了中心化验室的各项制度与规定，为了对影响分析检验质量的各种因素进行有效的控制，手册中着重对检验人员素质，检验仪器、设备和环境，检验质量申诉处理，检验事故处理等几个方面提出了明确的要求。《化验室质量管理手册》是×××公司（企业）中心化验室开展分析检验工作的法规性文件，中心化验室全体工作人员必须以本手册为依据，以高度负责的精神，认真履行岗位职责，及时、准确地完成各项分析检验工作，为本公司（企业）内外生产企业指导和控制生产正常进行，原辅材料和产品质量的确认，技术改造或新产品试验等提供满意的服务。为×××公司（企业）的生产、科研和技术培训等做出贡献。

本手册经×××公司（企业）领导审核，现予以公布，中心化验室全体工作人员务必遵照执行。

×××公司（企业）中心化验室（签章）
年　月　日

（三）×××公司（企业）中心化验室关于分析检验质量评价的公正性声明

为了保证中心化验室分析检验质量及其公正性，特作如下声明：

1. 中心化验室所有分析检验工作必须由经过考核的合格的技术人员进行，严格按照《化验室质量管理手册》的规定，以科学认真的态度和熟练的操作技术完成各项分析检验任务，确保检验数据准确可靠，判定公正，保证提供符合规定质量的服务，对出具的分析检验报告负责。

2. 中心化验室的一切分析检验工作，坚持以分析检验数据为结果判断的唯一依据，检验工作不受行政、经济及其他利益的干预。

3. 完整保存分析检验的原始记录和数据，随时备查。

4. 为服务单位保守技术秘密，分析检验人员不从事与检验样品有关的技术咨询和技术开发工作。

×××公司（企业）中心化验室（签章）
年　月　日

（四）法定代表授权委托书

委托下述同志为×××公司（企业）中心化验室主任职务。

姓名：

性别：

职务：

技术职务：

工作单位：

单位地址：

（五）概述

1. 中心化验室基本情况

2. 业务范围和分析检验项目

3. 质量保证体系（包含人员培训计划及实施）

（六）各类人员岗位责任制

1. 中心化验室主任

2. 中心化验室副主任职责

3. 技术负责人职责

4. 质量保证负责人职责

5. 分析检验人员职责

6. 样品收发人员职责

7. 技术档案管理人员职责

8. 仪器设备维修人员职责

9. 人员培训及计划

（七）计量检测仪器设备的质量控制

1. 检测仪器设备管理办法

2. 仪器设备及检定周期一览表

3. 标准物质和仪器校验用基准物一览表

（八）分析检验工作的质量控制

1. 分析检验工作流程

2. 分析检验质量标准

3. 分析检验实施细则

4. 对分析检验设备的要求

5. 分析检验工作开始前的检查程序

6. 分析检验工作的质量控制

7. 分析检验工作结束后的检查程序

8. 未知物剖析（综合分析）工作流程

（九）原始记录和数据处理

1. 原始记录

2. 数据处理

（十）检验报告

1. 检验报告的内在及外观质量

2. 检验报告的审批

3. 检验报告的发送

4. 检验报告的更改

（十一）日常工作制度

1. 检验工作制度

2. 样品管理制度

3. 仪器及标准物质的管理制度

4. 检验质量申诉制度

5. 技术资料的管理及保密制度

6. 分析检验室的管理制度

7.《质量管理手册》执行情况检测制度

8. 其他制度

（十二）组织机构框图

（十三）中心化验室和分析检验室建筑平面分布图

（十四）中心化验室负责人及工作人员名单

（十五）附录

1. 检验项目表

2. 代码索引和标准方法索引

（十六）图表目录

图1质量保证体系框图

图2检验流程框图

图3未知物剖析（综合分析）工作流程图

图4组织机构框图

图5中心化验室和分析检验室建筑平面分布图

表1中心化验室近年（往前2年内）的人员培训情况表

表2中心化验室近期（往后2年内）的人员培训计划

表3仪器设备及检定周期一览表

表4标准物质和仪器校验用基准物一览表

表5中心化验室工作人员一览表

表6检验项目一览表

表7中心化验室检验报告单（中文，必要时应有英文）

表8委托检验送样单

表9中心化验室仪器设备降级使用申请表

表10中心化验室分析检验事故报告

表11样品检验原始记录表

表12中心化验室资料存档登记表

表13中心化验室仪器设备停用或报废使用申请表

表 14 中心化验室仪器设备故障报告单
表 15 中心化验室检验质量申诉处理登记表
表 16 中心化验室技术资料销毁登记表
表 17 中心化验室仪器设备维修记录表
表 18 精密仪器使用登记表

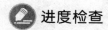 进度检查

简答题

1. 化验室检验质量保证体系包含哪五个基本要素？
2. 构建化验室检验质量保证体系的依据是什么？
3. 如何构建化验室检验质量保证体系？

学习单元 7-3 检验要素质量保证

学习目标：完成本单元的学习之后，能够对检验要素质量保证有所掌握。
职业领域：化工、石油、环保、医药、冶金、汽车、食品、建材等。
工作范围：分析检验。

一、检验人员综合素质保证

（一）检验人员的技术素质

化验室检验系统的各类检验人员的技术素质必须达到检验质量保证体系明确规定的要求，否则不能上岗，怎样保证各类检验人员的技术素质呢？主要可以从以下几个方面进行控制。

1. 学历要求

从掌握专业知识技能以及胜任检验工作等方面讲，化验室一线的检验人员起码应该获得中等职业技术教育学历或更高的学历。目前我国大多数企业化验室一线的检验人员基本都是中等职业技术学校分析检验技术专业的毕业生，这些毕业生从专业知识和技能方面看掌握了必需的科学文化基础知识，常用的化学分析方法和仪器分析方法的基本原理及操作技能；能正确理解和执行检验岗位的规范和技术标准；能正确选择和使用检验工作中常用的化学试剂，正确使用常用的分析仪器和设备，并能进行常规维护与保养；能正确处理检验数据和报告检验结果；对日常检验工作中出现的异常现象能找出原因，提出改进方法；掌握了检验岗位的安全和环境保护知识。所以，具备了从事检验工作的专业知识和职业技能。

随着企业以及化验室的技术进步，对检验人员的学历要求会逐步地提高到职业技术教育专科或更高层次，对使用大型精密检测仪器从事比较复杂的检验工作或研究性分析检验工作的检验人员，要求会更高。

2. 技术职务或技能等级要求

企业化验室一线的检验人员除学历要求之外，起码应取得劳动部门职业技能鉴定中心（站）颁发的化学分析工中级资格技术等级证书。现阶段，多数职业技术教育院校在对学生进行学历教育的同时，一般在学生毕业之前，都要组织学生进行职业资格技术等级证书考核的复习，然后参加当地劳动部门职业技能鉴定中心（站）相应的职业资格技术等级证书考核，合格者便可获得相应的职业资格技术等级证书，以适应常规分析检验工作的要求。对于使用大型精密检测仪器从事比较复杂的检验工作或研究性分析检验工作的检验人员，要求具有更高的技术职务，如工程师、高级工程师或研究员等。

3. 实施检验人员培训计划

科学技术的发展，必然推动企业以及化验室的技术进步。化验室的技术进步主要表现在管理技术（理念、方法和手段）的进步、人员素质的提高、技术装备的领先（先进的仪器设备、先进的检测和试验技术或方法）等方面。其中，技术装备领先了，就要求检验人员必须进行知识更新，提高技术能力和水平，以此来适应先进技术装备的要求。所以，对检验人员进行有计划和有针对性的培训，扩展他们的专业知识，提高他们的技术能力和水平，是保证检验质量所必须经常进行的工作，也是化验室检验质量保证体系运行的具体表现之一。

对检验人员按培训计划进行业务技术培训后，还要对每人进行定期的考核，考核成绩记入个人业务档案，考核合格者受聘上岗，不合格者待岗学习。

（二）检验人员的全面素质

检验人员应具有良好的思想政治素质、社会责任感、与时俱进的意识和行动，勤学上进，跟上时代发展的步伐；遵守公民基本道德规范，具有良好的职业道德和行为规范、健康的生理和心理素质以及资源和环境等可持续发展意识；具有与社会主义市场经济建设相适应的竞争意识以及较强的事业感；爱岗敬业，热爱企业，热爱自己的工作岗位，有较强的团队精神和与人合作的能力；有吃苦耐劳、艰苦创业和勇于创新精神；具有良好的文化基础知识和与检验工作相关的基础知识、基本理论、操作技能；具备初步阅读本专业技术资料、英文技术资料的能力及英文技术资料基本翻译技巧；具备基本的计算机操作技能和应用能力、分析解决问题能力、独立工作能力、理解和表达及终身学习能力；能认真履行岗位职责，把好检验工作质量关，为企业的发展尽职尽责。

二、检验仪器设备、材料和环境保证

监督检查化工标准实施的主要内容第三条"监督检查按标准进行检验"提出了三点要求：第一，监督检查是否具备执行标准所需的检测仪器设备，并能达到使用要求；第二，监督检查实验室环境条件是否满足标准要求；第三，监督检查测试仪器和检测设备及工具是否经过计量检定，并有计量检定证书。这就是说，化验室检验系统必须具备按执行标准进行生产工艺控制检验和产品检验所需的测试仪器和检测设备及相关的材料，并在性能或性质方面达到规定要求。测试仪器和检测设备运行环境也要达到标准规定的要求。这样，既表明检验系统执行了相关的标准，同时也使检验工作和检验结果的质量得到充分的保障。

（一）检验仪器保证

1. 仪器设备的数量

仪器设备数量的多少，某种程度上反映了化验室检验系统的检验能力。当企业的生产规模确定以后，企业的质量管理部门就应围绕生产工艺控制检验和产品质量检验，收集和制定相应的检验技术标准或方法，核对化验室检验系统的检验能力，即将生产工艺控制检验和产品检验的技术标准进行分解，列出原料、半成品、产品的名称，检验项目，被测参数标准值及允许差，检验所用测试仪器和检测设备的型号、名称、测量范围、准确度、灵敏阈等，分析化验室检验系统现有的测试仪器和检测设备的检验能力，是否能将技术标准规定的检验项目全部覆盖。通过核对，找出化验室检验系统检验能力存在的不足，提出解决办法，如现有的测试仪器和检测设备的检验能力不能满足按技术标准进行生产工艺控制检验和产品检验的需要，而企业一时又无条件对缺少的仪器设备进行添置，则对不能检验的项目，可委托有检验能力的单位代为检验。

2. 仪器设备的性能

仪器设备的性能是否达到标准规定的要求，直接关系到检验工作和检验结果的质量，因此，在运行化验室检验质量保证体系的过程中，必须对化验室检验系统的仪器设备进行规范科学的管理，以保证检验系统的测试仪器和检测设备的量程、偏移、精密度、稳定性和持久性等性能得到有效的控制与管理，定期地对其进行调整，修理和校正。

为了保证检验数据的准确性和量值的统一，化验室检验系统在具备了所需的测试仪器和检测设备的同时，必须分别对各测试仪器和检测设备建立检定周期表，在使用这些测试仪器和检测设备的过程中，按检定周期表规定的周期进行计量检定，合格的取得合格检定证书，保证仪器设备的计量性能能够溯源到相应标准规定的要求。无论是选检还是自检的仪器设备，检定合格的要贴合格、准用标志，准许使用；检定不合格的应贴停用标志，停用，继续维修和检定，仍然不合格的，降级使用或报废。为了随时掌握测试仪器和检测设备的技术状态，可对仪器设备实施动态管理，对每台测试仪器或检测设备分别建立档案。其中包括测试仪器或检测设备的检定周期表，测试仪器或检测设备使用、维护保养、修理、校正和检定等方面的记录情况，这样，可以随时了解仪器设备的技术性能变化情况，为检验工作和检验结果质量分析提供重要依据，及时掌握检验结果的准确程度，同时，还可以根据档案记录确定对仪器设备的维护保养、修理和校正仪器设备的检定周期等。

（二）材料保证

1. 通用化学试剂

化学试剂是化验室检验系统经常性消耗而且使用量较大的材料，化学试剂的优劣，对检验结果质量的影响非常大。在学习单元 2-5 的化学试剂的分类情况中，已介绍了化学试剂依据其纯度和杂质含量的不同而分成不同的级别，不同级别的化学试剂其用途具有较大的差别。所以工业生产的原料、半成品、成品（P 品）的检验方法和用于其他方面的检验方法，对使用的化学试剂级别都有明确的规定，因此，在选择和使用具体检验工作的化学试剂时，必须严格遵守这些规定。

2. 标准物质

标准物质主要用于研究分析检验方法，评价分析检验方法，同一实验室或不同实验室间的质量保证，校准仪器设备和检验结果等，所以，它与检验工作和检验结果的质量是密切相关的。我国把标准物质分为两个级别，分别为：一级标准物质，代号为GBW；二级标准物质，代号为 GBW（E），一级标准物质与二级标准物质本身的要求有一定的差别，其用途也有一定的差别。因此，在检验工作中，如校准测试仪器或检验结果，一定要按规定正确地选用不同级别的标准物质，并注意标准物质的有效使用期；否则，将可能影响到检验工作和检验结果的质量保证。

（三）仪器设备的运行环境保证

测试仪器和检测设备的运行环境（如温度、湿度、粉尘、噪声，磁场、电场等）对检验结果的准确性、重复性和再现性可能产生不同程度的影响，有时这种影响会直接影响到检验工作和检验结果的质量，因此，保证仪器设备有一个良好的运行环境，就是为了尽可能减小环境因素对仪器设备性能或测试数据的影响，从而确保检验工作和检验结果的质量。各种测试仪器和检测设备对运行环境指标都有明确要求，特别是一些精密仪器，要求运行环境指标较高。实际工作中，必须要求严格控制测试仪器和检测设备的运行环境要求。

三、分析检验质量申诉与质量事故处理

正确地处理好检验质量申诉和检验质量事故，是保证和提高检验工作和检验结果质量必不可少的重要环节。尽管化验室已建立检验质量保证体系，但极个别的检验质量问题有时也难以避免。因此，为了处理好极个别的检验质量问题，要求在建立检验质量保证体系的同时还应制订出检验质量申诉和检验质量事故的处理办法，并认真地加以执行。

（一）检验质量申诉处理

什么叫检验质量申诉呢？检验质量申诉是指检验结果的需方对检验结果或得出检验结果的过程提出疑问或表示怀疑，并要求提供检验结果的一方做出合理的解释或处理。

1. 检验质量申诉处理过程

遵照检验质量申诉和检验质量事故处理办法规定的程序，由检验质量负责人检查该项检验的原始记录和所使用仪器设备的状态，了解检验操作方法及检验过程，在此基础上召集相关的人员，通报了解的情况，分析原因，最后确定处理方案。

2. 检验质量申诉结果处理

通过前述的检验质量申诉处理过程，对检验质量申诉结果处理的方案一般有两种情况：如果检验结果正确无误或检验过程合理，则通知申诉方，做好解释工作和其他善后事宜；如果对检验结果的正确性有怀疑或检验过程确有差错，则重新校正仪器设备，对保留副样或新取样进行重新检验，并由检验质量负责人监督检验的整个过程，按规定程序得出和送出检验报告。对检验质量申诉材料，处理检验质量申诉所采取的措施及处理结果，应详细记录并归档保存。

（二）检验质量事故处理

1. 检验质量事故类别

（1）检验质量事故　是指由于人为的差错导致检验结果质量较差，造成了不好的影响。

（2）仪器设备损坏或人身伤亡事故　是指在检验工作过程中，由于人为的差错成一些不可预见的因素（如电压突然急升或突然停电、停气、停水或仪器设备温度失控等）致仪器设备损坏或人身伤亡。

2. 检验质量事故处理过程

（1）检验质量事故按检验质量事故处理办法规定的程序，由检验质量负责人组织相关人员，进行各方面调查了解，分析造成这种人为差错的原因，确定人为责任的比重，采取相应的处理措施，追究责任人的责任。

（2）仪器设备损坏造成人身伤亡事故由检验质量负责人和安全工作负责人组织相关人员，认真勘察事故现场，查明事故各方面的原因，召开专门会议，分析原因，研究处理方案。

3. 检验质量结果处理

（1）检验质量事故结果处理　通过前述的检验质量事故处理过程，在分清人为责任比重的基础上，对责任人给予批评教育，促使其增强工作责任心，提高自身的检验工作技能和检验工作质量。同时，尽快对保留副样或新取样进行重新检验，按规定程序得出和送出检验报告，填写事故报告，上报存档。

（2）对仪器设备损坏或人身伤亡事故结果处理　如果是人为因素造成的此类事

故，应分清人为责任的比重，采取相应的行政手段和经济手段，追究责任人应承担的责任。同时，应及时对损坏的仪器设备进行修理、调试和鉴定，尽快恢复使用（不能修好的例外）。有人身伤亡的，做好相应的善后处理工作。对事故的处理过程和处理结果，应进行详细的登记、存档，并填写事故报告，上报存档。

进度检查

简答题

1. 检验人员全面素质的内涵有哪些？

2. 检验质量申诉是指什么？检验质量事故是指什么？仪器设备损坏或人身伤亡事故是指什么？

学习单元 7-4 检验过程质量保证

学习目标：完成本单元的学习之后，能够对检验过程质量保证有所掌握。
职业领域：化工、石油、环保、医药、冶金、汽车、食品、建材等。
工作范围：分析检验。

一、检验过程

化验室调度接到报检单（包括常规送检通知、临时工艺抽样检验指令、临时性抽检申请等）后，通知采样组采样，采回的试样送调度，调度将验收合格的报、送检样品进制样室进行制备，制好后返回调度，调度依据样品的检验要求送有关的检验组（室）如料组（室）、中检组（室）和成品组（室）。有关的检验组（室）检查验收样品后，留取部分样品作为副样保存（也可由调度安排保存），然后安排具体人员进行检验，处理结果数据，填写检验告，再交检验组（室）负责人审核后签字、送调度，调度接收检验报告，汇总、登记后发出正式检验报告书。在日常的检验过程中如出现异常情况，调度将根据质量负责人的要求，派出相关的技术监督人员（技术监督人员可从相关职能部门抽调），查明原因并做出相应的处理。

二、检验过程的质量控制

1. 采样和制样质量控制

样品一般为固体、液体和气体，采样的方法和要求各不相同，对样品的基本要求是所采取的样品应具有代表性和有效性，要做到这一点，采样应按照规定的方法或条例进行，以满足采样环节的质量保证。制样是使样品中的各组分尽可能在样品中分布均匀，以使进行检验的样品既能代表所采取样品的平均组成，也能代表该批物料的平均组成，所以，制样也应该按照规定的方法或条例进行。

2. 检验与结果数据处理的质量控制

检验人员收到检验组（室）检查验收的样品，根据检验方法要求进行准备，检查仪器设备、环境条件和样品状况一切正常后开始按规定的操作规程对样品进行检验，记录原始数据。检验工作结束后，复核全部原始数据，确认无误后，对样品做检后处理，对分析结果数据的处理，要遵循有效数字的运算规则和分析结果处理的有关方法进行。要求检验结果至少能溯源到执行的标准或更高的标准，如国家标准、国际标准或某些方面要求更高的标准。

3. 其他注意事项

为了保证整个检验过程的质量，除上述两方面外，填写检验报告应准确无误；检验组（室）负责人审核报告必须仔细认真；调度在汇总、登记台账及发出正式检验报告书的过程中也不能疏忽大意；因各种原因（如停电，停水，停气，仪器设备发生故障、工作失误，样品问题等）造成检验工作中断，且影响检验质量，应做好相应记录并向上一级负责人报告，恢复正常后，该项检验应重新进行，已测得的数据作废。

对于大专院校和科研单位的中心化验室或分析测试中心，其主要任务是为本单位和社会提供分析检验服务，其分析检验的过程与生产企业化验室的分析检验过程有一些差异。如图7-2所示为生产企业化验室面向社会服务的检验过程。

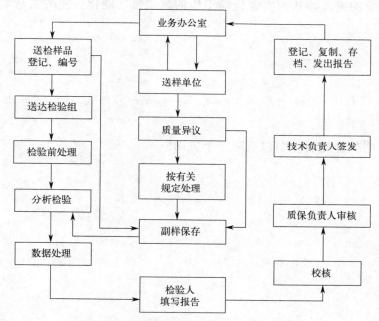

图 7-2　主要面向社会服务的检验过程

三、化验室质量管理体系的运作

① 依据《实验室认可规则》，不断增强建立良好化验室的信心和机制。

② 建立监督机制，保证工作质量。化验室质量体系建立的目的是明确的。但是，体系的运行如果缺乏必要的监督，则其效果和效率将难以保证。

③ 通过对化验室质量体系工作的监督，使化验室的日常检验工作处于严密的控制之下，化验室的检验数据和其他信息的可靠性、准确性也就能够不断地提高，从而达到正确指导生产控制的目的，促进企业产品质量的稳步提高。

④ 认真开展审核和评审活动，促进体系的完善。经常地开展审核和评审活动，可以使人们发现自己的不足，发现组织的差距，同时也产生促进体系完善的动力。

⑤ 加强纠正措施落实，改善体系运行水平。加强纠正措施的落实，从而使人们及时地从错误中吸取教训，获得经验的积累，充分地发挥质量体系的特殊优势和强有力的监督机制和运行记录的作用，有利于改善体系的运行水平。

⑥ 努力采用新技术，提高检测能力。质量体系的运行，不但对质量检验工作质量的提高是强有力的促进，而且随着社会生产的发展，对质量检验工作不断提出新要求，化验室必须不断改善自己的技术能力，不断地吸收、采用新技术。因而，对化验室的质量管理，也是推动化验室技术水平提高的重要动力。

⑦ 加强质量考核，促进质量职能落实。只有高质量的检验，才能保证对企业生产进行有效的质量监督，实现化验室的质量职能。为此，必须对化验室人员实行经常性的质量考核，通过考核发现和查明各种不良影响因素，并加以克服和消除，促进工作人员工作质量的提高，从而实现检验工作的高质量，使化验室的质量职能得到真正的落实。

进度检查

简答题

检验过程的质量控制主要包括哪三个方面？

学习单元 7-5 检验质量保证体系运行的内部监督评审

学习目标：完成本单元的学习之后，能够对检验质量保证体系运行的内部监督评审有所掌握。

职业领域：化工、石油、环保、医药、冶金、汽车、食品、建材等。

工作范围：分析检验。

一、实施内部监督评审的作用

实施化验室检验质量保证体系运行的内部监督评审，是为了促进化验室检验质量保证体系能充分有效地运行，我国已是世界贸易组织（WTO）的成员国，为了和国际质量管理或标准接轨，国家的质量管理方针、政策、标准和有关规定会依情况的变化而做出相应的调整，相关企业的质量方针和质量体系也会做出相应的调整。因此，化验室检验质量保证体系必须做出具体的调整来与企业的质量方针和质量体系相衔接，如对检验质量保证体系的有关文件进行修改、说明和补充，进行仪器设备的更新换代，实施技术人员的培训等，以满足实际工作的需要。

二、实施内部监督评审的程序

1. 建立组织机构

实施内部监督评审，首先应建立由企业质量管理部门负责人及相关管理和技术人员组成的监督评审组，并制订相应的工作程序和制度，确定工作任务。

2. 内部监督评审的任务

内部监督评审的任务是审查检验质量保证体系的各种文件和技术资料，进行现场检查和评审并做出检查评审报告。

3. 内部监督评审工作

内部监督评审工作可分为审核文件、现场评审的准备、现场检查与评审和提出评审报告四个方面。

（1）审核文件 是实施现场检查与评审的基础工作，审核的主要内容是质量管理手册及检验质量保证体系的其他文件资料，其目的是了解化验室检验质量保证体系的运行情况，督促化验室根据情况的变化和实际的需要对检验质量保证体系的有关文件进行修改、说明和补充等。

（2）现场评审的准备 监督评审组实施现场检查的准备工作是在审核文件之后，根据需要进行的预备工作，预备工作包括监督评审组成员的分工，确定现场检查的日期及进度，明确检查的重点项目和检查方法，准备评审记录表等。

（3）现场检查与评审 在通过审查检验质量保证体系的各种文件之后，对检验质量保证体系实际运行情况进行了解，并对其运行的实效性做出评审，判定化验室检验系统是否真正具备检验质量保证体系规定的要求和能力。这是以现场的实际情况为对象，掌握信息和情况以判定检验质量保证体系的质量保证能力，在此基础上，得出评审结论。

现场检查与评审大致可分为四个步骤进行，即首次会议、现场审核、编写评审报告和总结会议。

① 首次会议。由监督评审组组长主持，主要内容有：与化验室相互介绍成员；确认检查范围；确定检查评审的方法及程序；磋商如何保证检查组能及时得到评审所需的与检验质量保证体系有关的资料和记录；安排人员配合等，正式检查之前可在化验室有关人员陪同下参观化验室的专业工作室、技术档案等。

② 现场审核。现场审核按照监督评审组制订的计划和检查表所要求的内容进行，也可根据实际情况适当调整。现场审核是较关键的环节，要深入细致地逐项检查和审核，其方式可以灵活、按情况而定，一般有面谈、查阅文件和记录、审核主要仪器设备数量及运行状况、观察现场的检验实际工作等。

③ 编写评审报告。监督评审组全体成员研究检查情况，对检查的情况进行实事求是的评审，要有明确的结论，如合格、待改进、不合格。评审的程序一般是根据各个检查项目的检查情况，对其做出评价总结，其次是对检验质量保证体系的要素做出恰当的评价，最终对检验质量保证体系总的情况做出综合的评价结论。

④ 总结会议。监督评审组向化验室通报监督评审结果，化验室负责人及相关人员参加，由监督评审组组长报告并就有关问题进行说明。化验室负责人应对监督评审结果表态，提出意见和必要的解释。双方在监督评审总结上签字。

（4）提出评审报告 监督评审组经过现场检查与评审后，由监督评审组编写，经全组成员签字的评审报告，该报告是检查工作程序的总结报告，其中包含检查所依据的文件、现场检查记录表、检查出不合格项目记录、有争议问题的记录以及检验质量保证体系实际运行情况与其规定标准相符合的程度评价等。

对评审中发现的问题，属于硬件方面的，如仪器设备不足等，监督评审组应会同化验室负责人向上一级部门反映，争取得到解决；属于软件方面的，如管理制度等，则应敦促化验室及时予以改进。

简答题

实施化验室检验质量保证体系运行的内部监督评审程序包括哪些？

📖 **素质拓展阅读**

质量管理部工作内容

一、参与产品的研究开发及试验。

二、对半成品、产品规格及生产工艺和操作规程，提出改进意见或建议。

三、确定原材料、半成品、产品检验标准和检验规程。

四、质量异常的妥善处理及监督鉴定不合格产品。

五、检验仪器与量具的管理与校正，进行库存品的抽验。

六、原料供应商、外协加工厂商等交货实际质量的整理与评价。

七、督导并协助协作厂商改善质量，建立质量管理制度。

八、制程巡回检验。

九、制程管理与分析，个案研究，并制订再发防止措施。

十、客户抱怨案件及销货退回的分析、检查和处理。

十一、资料反馈给有关单位。

十二、质量管理日常检查工作。

十三、质量保证工作。

十四、研究制订并执行质量管理教育培训计划。

十五、协助公司最高层制订质量方针；制订公司质量体系和质量管理措施，推行全面质量管理。

十六、其他有关质量管理事宜。

参 考 文 献

[1] 全国人民代表大会常务委员会.中华人民共和国计量法［M］.北京：法律出版社，2018.

[2] 全国人民代表大会常务委员会.中华人民共和国标准化法［M］.北京：法律出版社，2017.

[3] 国家认证认可监督管理委员会.实验室资质认定评审准则［M］.北京：中国计量出版社，2010.

[4] 王敏华.标准化教程［M］.北京：中国计量出版社，2010.

[5] 张荣.计量与标准化基础知识［M］.北京：化学工业出版社，2006.

[6] 刘胜新.化验员手册［M］.北京：机械工业出版社，2014.

[7] 姜洪文，陈淑刚，张美娜.化验室组织与管理［M］.北京：化学工业出版社，2020.

[8] 程家树.化工企业管理［M］.北京：化学工业出版社，2016.

[9] 杨爱萍.化验室组织与管理［M］.北京：中国轻工业出版社，2009.

[10] 孙悦，宿丰，侯新.人力资源管理实用文案［M］.2版，北京：机械工业出版社，2013.

[11] 王英杰，邹斌.现代企业管理［M］.北京：机械工业出版社，2013.

[12] 王关义，刘益，刘彤，等.现代企业管理［M］.5版.北京：清华大学出版社，2019.

[13] 由建勋.现代企业管理［M］.4版.北京：高等教育出版社，2019.

[14] 夏玉宇.化学实验室手册［M］.3版.北京：化学工业出版社，2015.